図解まるわかり

電池のしくみ

Battery

中村のぶ子 [著]

JN074351

はじめに

　私が子どもの頃、乾電池で動くおもちゃといえば、あっという間に電池切れになるのが常でした。やがて「持ちがいい」と評判の電池が次々と発売され、ウォークマンの登場とともに、繰り返し充電できる電池が身近になり、気がつけばいろいろな種類の電池に囲まれていました。

　一方で当時の乾電池は水銀、充電式の電池はカドミウムという有毒な金属が使われていて、便利さと引き換えに環境負荷を与えていることに疑問を感じたものでした。しかしあるとき「水銀ゼロ」の乾電池が、カドミウムを含まない新しい充電式の電池が次々と発売されました。これらは世界に先駆けて日本のメーカーが商品化に成功したものです。このとき「技術革新が進めば、便利さと環境は両立する」ということを感じたものでした。

　そして現在、最も身近な電池といえば、もはや生活必需品となったスマートフォンに使われているリチウムイオン電池ではないでしょうか。このリチウムイオン電池の開発で、吉野 彰博士が 2019 年のノーベル化学賞に輝いたことは記憶に新しいことでしょう。受賞理由は、「スマートフォンや PC をはじめとした IT 化社会への貢献」「環境問題を解決する可能性があること」の 2 つです。まさに「技術革新が進めば、便利さと環境は両立する」という点が評価されたのでした。

　連日のようにリチウムイオン電池に関するニュース報道が駆け巡っていますが、多くの人がリチウムイオン電池を含めて、電池の中身やしくみ全般について知ることはほとんどありません。

　そこで本書では、まずは電池の種類を整理しながら、その開発史の流れの中で、さまざまな電池の特徴や構造を解説しています。化学式の苦手な人にも理解していただきやすいよう、専門的な知識も含めて、なるべくやさしくお伝えしています。

　もはや 21 世紀の石油ともいえるリチウムイオン電池ですが、誕生までには多くの電池が研究者・技術者たちの戦いともいえる研究開発の日々がありました。数多くの電池の種類とともに、その歴史を知ることで進むべき未来が見えてくることでしょう。

目次

はじめに ……………………………………………………………… 2

会員特典について ……………………………………………………… 12

第1章 電池って何?
～ エネルギーを電気に変えるしくみ ～ 13

1-1 電池が世界を支えている
リチウムイオン電池、乾電池 ………………………………………… 14

1-2 電池の原理から分類する
化学電池、物理電池、生物電池 ……………………………………… 16

1-3 一次電池を分類する
湿電池、亜鉛系、リチウム系 ………………………………………… 18

1-4 形状で分類する
円筒形、ボタン形、円形、コイン形、ピン形、角形、平形 ………… 20

1-5 電池のはじまりと歴史
バグダッド電池、動物電気、ボルタ電堆 …………………………… 22

1-6 世界初の化学電池の登場
ボルタ電池、電子、電流 ……………………………………………… 24

1-7 世界初の化学電池のしくみ
イオン化傾向、電解液、酸化反応、酸化還元反応 ……………………………… 26

1-8 世界初の化学電池が実用化されなかった理由
水素ガス気泡、分極、酸化銅（I） …………………………………………………… 28

1-9 次世代につながる電池の開発
ダニエル電池、セパレータ、電気的中性の原理 ……………………………… 30

1-10 マンガン乾電池につながる電池の開発
ルクランシェ電池、二酸化マンガン、塩化アンモニウム ……………………… 32

1-11 液漏れのしない「乾いた」電池の誕生
ガスナーの乾電池、屋井先蔵 …………………………………………………………… 34

やってみよう 11円を積み重ねて、コイン電堆を作ってみよう ……………… 36

第2章 使い切り式の電池
～ 最も広く普及した一次電池 ～
37

2-1 電池の基本構造としくみとは？
電極、電解質、集電体、ショートサーキット ………………………………………… 38

2-2 電池の性能を数値化したもの
標準電極電位、公称電圧、電気容量、エネルギー密度 ……………………… 40

2-3 電池が普及するきっかけとなった乾電池
マンガン乾電池、塩化亜鉛、減極剤 ……………………………………………… 42

2-4 パワーがあり長持ちする、現在最も普及している電池
アルカリ乾電池、水酸化カリウム、亜鉛の粉末 …………………………………… 44

2-5 やっかいな自己放電の解決法
自己放電、水銀合金、水素過電圧 …………………………………………………… 46

2-6 水銀ゼロ実現までの道のり
水俣病、水銀0（ゼロ）、水素ガス、電解二酸化マンガン ………………… 48

2-7 乾電池の99％のトラブルは安全のために起こる
過放電、逆装填、ガスケット ………………………………………………………… 50

2-8 公害問題により消え去った電池
水銀電池、放電電圧、酸化第二水銀 ……………………… 52

2-9 腕時計で根強い人気の小型電池
酸化銀電池、酸化銀、銀 …………………………………… 54

2-10 補聴器の中で長く活躍している電池
空気亜鉛電池、補聴器、酸素 ……………………………… 56

2-11 一次電池の王様
リチウム、リチウム電池、リチウム一次電池 …………… 58

2-12 家電機器用電源で大活躍の電池
二酸化マンガンリチウム電池、インサイドアウト構造、スパイラル構造 … 60

2-13 高い耐熱性と10年以上の長期使用が可能な電池
フッ化黒鉛リチウム電池、自動車の装備品、炭素 ……… 62

2-14 国産No.1！ 高電圧・高寿命の電池
塩化チオニルリチウム電池、塩化リチウム、被膜 ……… 64

2-15 ペースメーカーの中で活躍している電池
ヨウ素リチウム電池、ヨウ化リチウム …………………… 66

2-16 乾電池よりも長持ちする電池
硫化鉄リチウム電池、酸化銅リチウム電池、二硫化鉄 … 68

2-17 アルカリ乾電池よりも17倍長持ちする電池
ニッケル乾電池、オキシ水素化ニッケル、初期電圧 …… 70

2-18 大容量で一定電圧をキープする電池
オキシライド乾電池、高性能アルカリ乾電池 …………… 72

2-19 水を使った電池
水電池、マグネシウム合金、注水電池 …………………… 74

2-20 海水を使った電池
海水、海水電池、マグネシウム注水電池 ………………… 76

2-21 長期保存できる電池
リザーブ電池、溶融塩電池、発熱剤 ……………………… 78

やってみよう レモン電池を作ってみよう ……………………… 80

3-1 電気を蓄える電池
二次電池、放電、充電 ………………………………………… 82

3-2 二次電池を分類する
民生用、車載用、定置用 ……………………………………… 84

3-3 最も歴史を持つバッテリー
鉛蓄電池、バッテリー ………………………………………… 86

3-4 充電可能な電池が永遠に使えない理由
逆の反応、サルフェーション現象、過充電 ………………… 88

3-5 バッテリーの種類
ペースト式、クラッド式、メモリー効果 …………………… 90

3-6 バッテリーの構造
セル、ベント型、制御式 ……………………………………… 92

3-7 かつて小型家電で大活躍した電池
ニッケル・カドミウム電池、カドミウム、オキシ水酸化ニッケル … 94

3-8 電池にカドミウムが使われ続けていたのはなぜか？
イタイイタイ病、酸素ガス …………………………………… 96

3-9 放電させてから充電しないことで起こる勘違い
完全放電、リフレッシュ、製造禁止 ………………………… 98

3-10 エジソンが発明した電池
エジソン、ニッケル鉄電池 …………………………………… 100

3-11 再び注目したい二次電池
アルカリ系二次電池、ニッケル亜鉛電池、サイクル寿命 … 102

3-12 充放電の繰り返しが引き起こす不具合
デンドライト、樹状結晶、イオン伝導性フィルム ………… 104

3-13 水素を使った二次電池
ニッケル水素電池、水素吸蔵合金、ハイブリッド車 ……… 106

3-14 水素を使った二次電池のしくみ
MH、リフレッシュ機能、充電保管 ･･････････････････ 108

3-15 宇宙で活躍してきた水素を使った電池
Ni-H$_2$電池 ･･････････････････････････････････ 110

3-16 大きなエネルギーをためる二次電池
NAS電池、βアルミナ、溶融塩二次電池 ･･･････････ 112

3-17 大きなエネルギーをためる二次電池の注意点
金属ナトリウム、モジュール電池、NAS電池システム ･･･ 114

3-18 離島や地域で活躍する二次電池
離島・地域グリッド、ハイブリッド蓄電システム、スマートグリッド ･･･ 116

3-19 日本で実用化した大規模な二次電池
レドックスフロー電池、バナジウム系、フロー電池 ･････ 118

3-20 安全で寿命が長く、普及が期待される二次電池
価数、バナジウムイオン、常温反応 ･････････････････ 120

3-21 広く普及しなかった二次電池
ゼブラ電池、塩化ニッケル、塩化アルミニウムナトリウム ･･･ 122

3-22 何度も実用化が期待され、今も研究が進む二次電池
臭素、ハロゲン、亜鉛-臭素電池 ･･･････････････････ 124

3-23 充電できる一次電池?
火傷の危険、充電禁止、空気亜鉛二次電池 ･･･････････ 126

やってみよう 備長炭でアルミ空気電池を作ってみよう ･･･････ 128

第 **4** 章

私たちの生活を激変させた電池
～ リチウムイオン電池とその仲間・リチウム系電池 ～ 129

4-1 金属リチウムを使わないという選択
リチウムイオン電池、金属リチウム、吸蔵 ･･･････････ 130

4-2 世界初のリチウムイオン電池誕生
黒鉛、層状構造、インターカレーション反応 ･･･････････ 132

4-3 画期的な電池反応による放電
コバルト酸リチウム、コバルト酸リチウム電池 ……………… 134

4-4 画期的な電池反応による充電
イオンの往復、電極の溶解・析出、ロッキングチェア型電池 … 136

4-5 スタンダードで最強なリチウムイオン電池
コバルト、エネルギー密度、有機溶媒 …………………………… 138

4-6 リチウムイオン電池の形状と用途
ラミネート形、ラミネートフィルム、ポリマー状 …………… 140

4-7 リチウムイオン電池の分類
リチウムイオン含有、複合材料 ………………………………… 142

4-8 脱コバルトのリチウムイオン電池
マンガン酸リチウムイオン電池、マンガン酸リチウム、スピネル型 … 144

4-9 世界的電気自動車メーカーに選ばれたリチウムイオン電池
リン酸鉄リチウムイオン電池、リン酸鉄リチウム、オリビン型結晶構造 … 146

4-10 コバルト系の欠点を補ったリチウムイオン電池
三元系リチウムイオン電池、三元系、三種混合 ……………… 148

4-11 ニッケル系の欠点を補ったリチウムイオン電池
ニッケル系リチウムイオン電池、ニッケル系、酸化ニッケル酸リチウム … 150

4-12 ラミネート防護されたリチウムイオン電池
リチウムイオンポリマー電池、ポリマー、ゲル状 …………… 152

4-13 黒鉛以外の負極活物質を用いたリチウムイオン電池
チタン酸リチウム、チタン酸系リチウムイオン電池 ………… 154

4-14 リチウム合金を用いたリチウム二次電池①
二酸化マンガンリチウム二次電池、リチウム・アルミニウム合金、マンガンリチウム二次電池 ……………………………………… 156

4-15 リチウム合金を用いたリチウム二次電池②
バナジウム・リチウム二次電池、ニオブ・リチウム二次電池 … 158

4-16 電気自動車普及のカギ! ポスト・リチウムイオン電池
全固体電池、固体電解質、ガラスセラミックス ……………… 160

4-17 期待が高まる最高のエネルギー密度を誇るリチウム二次電池
リチウム空気二次電池、金属空気電池、触媒 ………………… 162

4-18 大型化も小型化も可能なリチウム二次電池
リチウム硫黄電池、硫黄、中間生成物 ………………………… 164

4-19 次世代電池の有力候補! 非リチウムイオン電池
ナトリウムイオン電池、全固体ナトリウムイオン電池、カリウムイオン電池 ···· 166

4-20 期待が高まる大容量で安全な非リチウムイオン電池
マグネシウム、多価イオン、多価イオン電池 ··························· 168

4-21 2つの電池をハイブリッドしたリチウム系電池
リチウムイオンキャパシタ ······································· 170

やってみよう ベランダ発電に必要な道具について考えてみよう ··········· 172

第5章 クリーンで安全な発電装置となる電池
～ 次世代のエネルギー問題を支える燃料電池 ～ 173

5-1 水と電気を生み出す電池
燃料電池、電気エネルギー、電気分解 ····························· 174

5-2 水を電気で分解する
燃料極、空気極、カチオン交換型 ······························· 176

5-3 大きなエネルギーのカギを握る水素
水素、エネルギー効率、多孔性の構造 ····························· 178

5-4 燃料電池を分類する
電解質の種類、燃料の種類、運転温度 ····························· 180

5-5 宇宙で活躍した燃料電池
アルカリ形燃料電池、アニオン交換型、水酸化物イオン ················· 182

5-6 排熱を有効利用できる燃料電池
リン酸形燃料電池、被毒作用、改質処理 ··························· 184

5-7 大規模発電に適している燃料電池
溶融炭酸塩形燃料電池、溶融炭酸塩、二酸化炭素 ····················· 186

5-8 長時間使用できる燃料電池
固体酸化物形燃料電池、固体酸化物、酸素イオン ····················· 188

5-9 次世代のエネルギー問題を支える燃料電池
固体高分子形燃料電池、固体ポリマー、水分管理 ⋯⋯⋯⋯ 190

5-10 小型軽量化が期待できる燃料電池
メタノール、直接メタノール形燃料電池、クロスオーバー現象 ⋯⋯ 192

5-11 微生物の酵素を使って電気を作る
バイオ燃料電池、酵素 ⋯⋯⋯⋯⋯⋯⋯⋯⋯⋯⋯⋯⋯⋯ 194

5-12 家庭で電気とお湯を作る
エネファーム、家庭用燃料電池 ⋯⋯⋯⋯⋯⋯⋯⋯⋯⋯ 196

やってみよう 鉛筆と水で、燃料電池を作ってみよう ⋯⋯⋯⋯⋯ 198

第6章 光や熱を電気エネルギーに変える
～ 化学反応なしで電気に変換する物理電池 ～ 199

6-1 太陽の光を電気にする電池
太陽電池、光起電力効果、太陽光発電、セレン光電池 ⋯⋯⋯⋯ 200

6-2 太陽電池を分類する
シリコン系、化合物形系、有機系 ⋯⋯⋯⋯⋯⋯⋯⋯⋯ 202

6-3 太陽電池に欠かせない材料
半導体、n型半導体、p型半導体、正孔 ⋯⋯⋯⋯⋯⋯⋯ 204

6-4 一番普及している太陽電池
空乏層、反射防止膜、アルミニウム電極 ⋯⋯⋯⋯⋯⋯⋯ 206

6-5 次世代の有力な太陽電池
色素増感太陽電池、ペロブスカイト太陽電池、ペロブスカイト ⋯⋯ 208

6-6 熱から電気を取り出す電池
ゼーベック効果、熱起電力電池、熱電変換素子、熱電池 ⋯⋯⋯ 210

6-7 原子力エネルギーから電気を作る
原子力電池、放射性物質、プルトニウム ⋯⋯⋯⋯⋯⋯⋯ 212

6-8 化学反応なしに電気をためて活用する蓄電装置①
コンデンサ、誘電分極、電気二重層、電気二重層キャパシタ ⋯⋯ 214

6-9　化学反応なしに電気をためて活用する蓄電装置②
　　　陽イオン、陰イオン ·· 216
　　　やってみよう　コンデンサの瓶（ライデン瓶）を作ってみよう ············· 218

第 **7** 章
電池をめぐる世界
～ 変化の中にある日本の電力エネルギー ～ 219

7-1　再生可能エネルギーの電力貯蔵と二次電池
　　　化石燃料、安定供給、電力貯蔵 ································ 220

7-2　二酸化炭素排出量をゼロにせよ!
　　　カーボンニュートラル、1.5度、温室効果ガス ······················ 222

7-3　日本のエネルギー構造を変える電気自動車
　　　電気自動車、ゼロエミッション電源、エネルギー構造 ················· 224

7-4　発電所がバーチャルになる!?
　　　仮想発電所、IoT技術、アグリゲーター ·························· 226

7-5　再生可能エネルギーの課題を解決するネガワット取引
　　　ディマンド・レスポンス、電気料金型、ネガワット取引 ················ 228

7-6　リチウムイオン電池のリサイクル事情
　　　リサイクル、スラグ、リユース ································ 230

　　　やってみよう　太陽電池でベランダ発電に挑戦してみよう ················· 232

用語集 ·· 233
索引 ··· 236

本書の読者特典として、下記を提供します。

- 電池の補足資料
  内容：電池の歴史年表、一次電池・二次電池の種類と記号一覧、
  　　　燃料電池の分類、電気自動車の種類　など
- 参考文献

下記の方法で入手し、さらなる学習にお役立てください。

会 員 特 典 の 入 手 方 法

❶以下のWebサイトにアクセスしてください。

　URL https://www.shoeisha.co.jp/book/present/9784798178578

❷画面に従って必要事項を入力してください（無料の会員登録が必要です）。

❸表示されるリンクをクリックし、ダウンロードしてください。

第 1 章

電池って何?

～エネルギーを電気に変えるしくみ～

電池が世界を支えている

電池の巨大需要が始まっている

　世界中で電池の生産が活発になっています。日本や欧米、中国などで電池工場の生産強化や新工場の建設が相次ぎ、官民そろって電池産業への先行投資が本格化しています（図1-1）。同時に電池の原材料であるレアメタルなどの金属の争奪戦も始まっています。

　この世界中が血眼になって作っている電池とは、電気自動車に搭載する蓄電池と呼ばれているリチウムイオン電池です。実はスマートフォンの電池と同じ種類のもので、2019年にはノーベル賞に輝きました。

生活は電池であふれている!?

　何かと話題の電気自動車や、すっかり生活必需品となったスマートフォン以外にも、**電池は私たちの生活には欠かせない存在**です。ノートPCやデジカメなどには充電して何度も使える電池、テレビやエアコンのリモコン、おもちゃや懐中電灯などには、一度使い切ったら使えなくなる電池が入っていることが多いでしょう（図1-2）。

　災害時や緊急事態が発生した場合に、電池は大活躍してくれます。非常灯、誘導灯や火災報知器などの中で、24時間休むことなく安全を見守ってくれているのです。さらに病院や工場などでは非常用電源として、停電したときに活躍してくれる特殊な電池があります。また住宅やビルなどの屋根に設置されているソーラーパネルも、電気代を節約できて節電になると広告されているエネファームも電池です。

一番有名な電池とは?

　電池の種類は非常に多く、用途も多岐にわたっています。その中でも多くの人が「電池」といえば、乾電池を思い浮かべることでしょう。実は乾電池こそ、最も古くから普及した、一番有名な電池なのです。

図1-1　世界各地で拡大する蓄電池工場

世界各地で蓄電池の
量産化の**本格参入へ**

図1-2　身近にある電池たち

ポータブル
音楽プレーヤー
リチウム
イオン電池

スマートフォン
リチウム
イオン電池

ノートPC
リチウム
イオン電池

太陽電池

ソーラーパネル

燃料電池

エネファーム

病院
燃料電池

工場
リチウム
イオン電池

火災警報器
リチウム一次電池

誘導灯
ニッケル水素電池

おもちゃ

乾電池

リモコン

時計

コードレス
電話

乾電池

ニッケル
水素電池

Point

✎ 世界中で蓄電池の生産が活発化しており、この蓄電池とは、スマートフォンに使用されている電池と同じリチウムイオン電池である

✎ 生活の中でよく使う電池には、充電して何度でも使えるものと、一度使い切ったら使えなくなるものがある

✎ 屋根に設置されているソーラーパネルも、電気代を節約できて節電になると広告されているエネファームも電池である

電池の原理から分類する

電池を原理で分類する

　日常生活の中にあふれている電池には、非常に多くの種類があります。これらを分類することで、電池の個性や役割が見えてくるでしょう。

　まずは電池の原理から分類してみると、化学反応で電気を作る化学電池、光や熱など物理的エネルギーから電気を作る物理電池、そして生物機能を利用した生物電池があります（図1-3）。

化学反応で電気を作る電池

　化学反応とは、ある物質が他の物質に変化する反応のことであり、私たちにとって、なじみ深い乾電池やスマートフォンのバッテリーなど、多くの電池が化学電池です。

　化学電池には放電してしまうと再利用できない一次電池、充電すれば何度でも使える二次電池、化学反応を起こす物質（燃料）を供給すれば電気を作ることができる燃料電池の3種類に分けられます。つまり**化学電池は、使い捨てか、繰り返し使えるかどうかで分類**されています。

光や熱、生物機能からも電池が作れる

　物理エネルギーとは光や熱などのエネルギーのことです。物理電池には、光エネルギーを受けて電池を作る太陽電池、熱エネルギーから電気を作る熱起電力電池（熱電池）、原子力エネルギーから電気を作る原子力電池があります。このように**物理電池は、どんな物理的エネルギーから電気を作るかで分類**されています。

　その他**酵素や葉緑素などの生体触媒や微生物の酸化還元反応を利用して電気を作る**生物電池（バイオ電池）もあります。

　一般的に化学電池が電池と呼ばれることが多く、物理電池と生物電池を一括して特殊電池と呼ぶことがあります。

| 図1-3 | 電池の分類 |

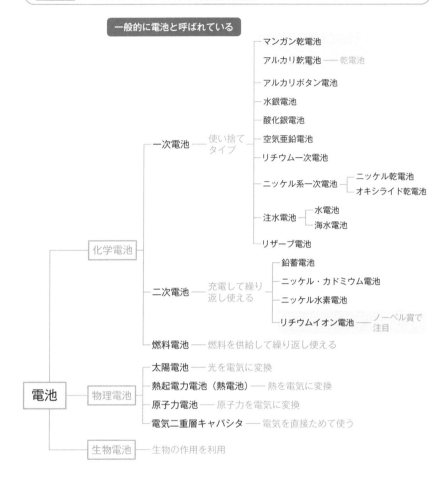

一般的に電池と呼ばれている

- 電池
  - 化学電池
    - 一次電池（使い捨てタイプ）
      - マンガン乾電池
      - アルカリ乾電池 ── 乾電池
      - アルカリボタン電池
      - 水銀電池
      - 酸化銀電池
      - 空気亜鉛電池
      - リチウム一次電池
      - ニッケル系一次電池
        - ニッケル乾電池
        - オキシライド乾電池
      - 注水電池
        - 水電池
        - 海水電池
      - リザーブ電池
    - 二次電池（充電して繰り返し使える）
      - 鉛蓄電池
      - ニッケル・カドミウム電池
      - ニッケル水素電池
      - リチウムイオン電池 ── ノーベル賞で注目
    - 燃料電池 ── 燃料を供給して繰り返し使える
  - 物理電池
    - 太陽電池 ── 光を電気に変換
    - 熱起電力電池（熱電池）── 熱を電気に変換
    - 原子力電池 ── 原子力を電気に変換
    - 電気二重層キャパシタ ── 電気を直接ためて使う
  - 生物電池 ── 生物の作用を利用

Point

- 電池は原理から、化学反応で電気を作る化学電池、光や熱などの物理エネルギーからの物理電池、生物機能を利用した生物電池に分類できる
- 化学電池は、再利用できない一次電池と、繰り返し使うことができる二次電池および燃料電池に分類できる
- 一般的に電池といえば化学電池のことであり、物理電池と生物電池は特殊電池とも呼ばれる

》 一次電池を分類する

おなじみの乾電池とは？

　電池といえば、テレビのリモコンやおもちゃなどで使う、筒形の乾電池が真っ先に思い浮かぶことでしょう。乾電池には、マンガン乾電池やアルカリ乾電池など多くの種類があります。これらは化学電池の中でも、使い捨てタイプの一次電池に分類され、一次電池はさらに別の観点で図1-4のように分類することができます。

「乾いた電池」と「湿った電池」

　乾電池とは、液体の少ない「乾いた電池」という意味です。乾電池が登場する前、**電池の内部には電解液（電解質溶液）という液体**が入っていました。この電解液がこぼれたり、漏れ出したりするため、持ち運びに不便という欠点がありました。

　この液体をゲル状にして固体に染み込ませたものが乾電池で、ひっくり返しても液漏れはなくなり、広く普及することになりました。

　乾電池に対して、電解液をそのまま使用している電池は、湿電池と呼ばれます。この湿電池は、使用方法、運び方が限定されるため、現在ではほとんど製造されていません。

負極材料による電池の分類

　一次電池は、負極材料に何を使うかで分類され、亜鉛系とリチウム系に分けることができます（図1-5）。

　亜鉛系にはマンガン乾電池、アルカリ乾電池、酸化銀電池など、リチウム系にはリチウム一次電池があります。

　その他マグネシウムやアルミニウムを負極に使った空気マグネシウム電池や空気アルミニウム電池なども登場しています。これらは、格段に容量を増やすことが可能となり、次世代の電池として期待されています。

| 図1-4 | 電解液による一次電池の分類 |

| 補足：湿電池の分類 |

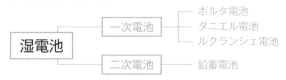

※二次電池の鉛蓄電池は湿電池として現在も使われている

| 図1-5 | 負極電極による一次電池の分類 |

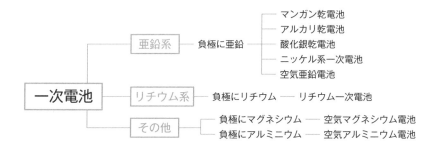

Point

- 乾電池とは「乾いた電池」という意味で、従来使われていた液体をゲル状にして固体に染み込ませたものである
- 湿電池は持ち運びに不便という欠点があり、乾電池の普及により、製造されなくなった
- 一次電池は負極に使われる金属材料により、亜鉛系、リチウム系などに分類できる

≫ 形状で分類する

日常生活の中で使われる丸い電池

　化学電池は種類が同じ電池でも、**用途に合わせてさまざまな形状の電池が作られています**。

　日常生活の中で1番使われている乾電池は円筒形で、単1形から単5形まで5種類の大きさがあります（図1-6）。単6形も販売されていますが、国内生産されておらず、すべて輸入品です。また電池の「単」は「1.5Vの電池（セル）1個だけ」という意味です。

　腕時計や補聴器、電子ゲームなどの小型機器でよく使われているのはボタン形です。直径より高さの方が短い円形の電池です。ボタン形の中でも硬貨のように薄い形状の電池を、特にコイン形と区別することがあります。

　補聴器やワイヤレスイヤホンなどでは、より小さいピン形電池が使われています。直径わずか3から5mm、高さ2〜4mm程度とかなり小型化されています。

　円筒形、ボタン形、コイン形、ピン形はすべて丸い形状をしているため、円形として形状記号Rで示されます。

少しニッチな平たい電池

　乾電池には、円筒形よりサイズの大きな長方体形の角形電池、平形電池があります（図1-7）。

　角形電池の中には、006P形という積層電池があります。これは1.5Vの乾電池を6個直列に接続された構造になっており、電圧が9Vです。006P形は電気工具やラジコンカーなど高い電圧が必要な機器に使われます。

　角形、平形、006P形はすべて四角い形状をしており、形状記号Fで示されます（図1-8）。

| 図1-6 | 円形の電池 |

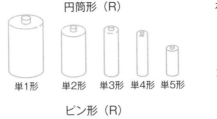

円形

円筒形（R）

単1形　単2形　単3形　単4形　単5形

ボタン形（R）

コイン形（R）

ピン形（R）

| 図1-7 | 角形・平形の電池 |

角形（F）　平形（F）

積層電池（006P形）

| 図1-8 | 電池の形状を表す記号 |

形状記号	電池の形状	
R	円形	円筒形
		ボタン形
		コイン形
		ピン形
F	角形 平形	

Point

- 乾電池は単1～6形まであり、単6形は国内生産されておらず、すべてが輸入品である
- 電池の形状は、円形（円筒形、ボタン形、コイン形、ピン形）と角形、平形に分類でき、それぞれ形状記号RとFで示される
- 角形電池には、乾電池を6個接続した構造の006P形という高電圧の積層電池がある

» 電池のはじまりと歴史

遺跡の中から最古の電池が見つかった？

　1932年ドイツの考古学者ウィルヘルム・ケーニッヒは、バグダッド郊外のホーヤットラップア遺跡で、紀元前3世紀から紀元3世紀のパルティア時代の遺物として、高さ約10cm、直径約3cmの素焼きの壺を見つけました。中には銅製の筒とさらにその中に鉄の棒が差し込まれていました。このような**銅製の筒にワインの腐敗でできた酢酸や食塩水を入れ、中に鉄の棒を入れると、電気が流れる**ことから、ケーニッヒは「この壺が電池として使われた」という論文を発表しました。これをバグダッド電池といいます（図1-9）。しかし現在では、電気的な使用の痕跡が見当たらないこと、パピルス紙に祈祷文が書かれたものが見つかったため、電池としての役割ではなく、宗教的な意味を持つのではないかと推察されています。

カエルの実験から生まれた電池

　1780年頃、イタリアの生物学者ルイジ・ガルバーニはカエルを解剖する際に、足に銅線を刺し、これを鉄の棒につるしたところ、カエルの足がぶるぶると痙攣することを発見しました（図1-10）。これを見たガルバーニは、動物の体内には電気が流れていると考え、動物電気を提唱しました。

　しかし同じイタリアの物理学者アレッサンドロ・ボルタは、銅と鉄という異なる2種類の金属が、カエルの足に含まれる体液と接したことにより電気が流れて、筋肉を収縮させていたと、主張しました。その後ボルタは、カエルの足の代わりに、**塩水に浸した紙に2種類の金属を接触させると電気が流れる**ことを突き止めます。この現象を応用し、ボルタは1794年、亜鉛と銅に塩水を浸したスポンジ状物質をはさんだものを何層にも積み上げたボルタ電堆を作りました（図1-11）。

　このように異なる2種類の金属と、カエルの足の体液や塩水により電気が流れることが証明され、動物電気説は否定されました。なお電圧のボルト（V）は、ボルタの名前が由来となっています。

図1-9 **バグダッド電池の構造**

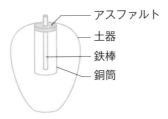

アスファルト
土器
鉄棒
銅筒

図1-10 **ガルバーニのカエル実験**

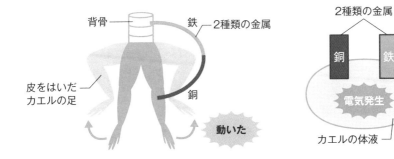

背骨　　　　　鉄　2種類の金属

皮をはいだ
カエルの足　　　　　　　銅

動いた

2種類の金属

銅　　鉄

電気発生

カエルの体液

図1-11 **ボルタ電堆の原理**

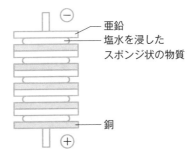

(−)
亜鉛
塩水を浸した
スポンジ状の物質

銅

(+)

Point

- ガルバーニは、動物の体内の中には電流が流れているという「動物電気」を提唱したが、ボルタはこれを否定した
- ボルタは異なる2種類の金属を、カエルの足の体液や塩水に接触させることで電気が流れることを発見した
- ボルタは亜鉛と銅を塩水に浸したスポンジ状の物質をはさんだものを何層にも積み上げたボルタ電堆を作り上げた

》　世界初の化学電池の登場

世界初の化学電池、ボルタ電池

　ボルタは1800年、ボルタ電堆を改良し、亜鉛と銅の2種類の金属と希硫酸を用いた、ボルタ電池を発明しました。このボルタ電池は、**ボルタ電堆と同様に化学反応で電気を作り出しており、どちらも世界初の化学電池**とされています。

　ボルタ電池の構造は単純なもので、希硫酸を入れた水槽に亜鉛と銅の板を入れ、両者を導線でつなげたものです（図1-12）。希硫酸（H_2SO_4）は、正電荷の水素イオン（H^+）と負電荷の硫酸イオン（SO_4^{2-}）を含んでいて、電気を通す電解液（電解質溶液）と呼ばれます。

　2つの金属間の導線をつなげるとすぐに、亜鉛板から金属が溶け出して亜鉛イオン（Zn^{2+}）となり、亜鉛板には電子（e^-）が残されます。この電子がたまると（帯電）、導線を移動して銅板に向かいます。ボルタ電池の亜鉛板の反応式（半反応式）は次のようになります。

$$Zn \rightarrow Zn^{2+} + 2e^- \quad (A)$$

そもそも、電気が流れるとはどういうことか？

　ここでそもそも「電気が流れる」とはどういうことなのか、確認しておきましょう。「電気が流れる」、つまり電流とは、「電子が動く」ことです。

　ここで注意してほしいのは、「**電流は正極→負極へ流れる**」のに対して、「**電子は負極→正極に移動する**」ということです（図1-13）。

　ボルタ電池の場合、亜鉛板から電子が銅板へ流れ込みますから、亜鉛板が負極、銅板が正極となります。また電流は銅板（正極）から亜鉛板（負極）に向かって流れます。非常にややこしい話ですが、その昔、まだ電子が発見されていなかった頃、先に電流の流れる向きを決めてしまったことが発端です。その後、電流の正体は電子であると分かってから、電流の向きはそのままで、電子が負電荷を持つと定義されたのです。

図1-12 　　　**ボルタ電池の負極の反応構造**

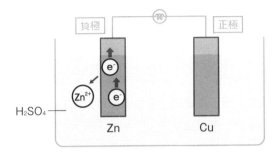

図1-13 　　　**電子の移動方向と電流の向き**

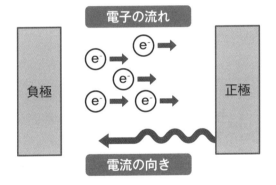

Point

- 希硫酸液の入った水槽に亜鉛板と銅板を入れ、導線で金属板間をつないだボルタ電池は、ボルタ電堆とともに世界初の化学電池である
- ボルタ電池の亜鉛板から金属が溶け出し、亜鉛板にたまった電子は導線を移動して銅板に向かう
- 電子の流れと電流の向きは逆なので、銅板から亜鉛板へ外部の動線を伝って電気は流れる

世界初の化学電池のしくみ

電極の正負とイオン化傾向

　金属は水溶液中で、電子を放出する性質があります。電子は電気的に負電荷を持っているため、電子を放出した金属は正電荷を持ち、陽イオンと呼ばれます。金属には種類によって、この水溶液中での陽イオンへのなりやすさが決まっていて、これをイオン化傾向といいます。

　図1-14より、亜鉛の方が銅よりイオン化傾向が大きく、陽イオンになりやすいことがわかります。そのため希硫酸中では亜鉛の方がどんどん溶け出し電子を放出するため、亜鉛板が負極となるわけです。一方の銅板は、亜鉛や水素よりもイオン化傾向が小さいため、希硫酸中でほとんど溶けないというわけです（図1-15）。

ボルタ電池の正極の反応構造

　亜鉛板（負極）にたまった電子は、導線を通って銅板（正極）に達します。このとき希硫酸（H_2SO_4）は電解液なので、水素イオンと硫酸イオンにわかれています。正極に達した電子に、正電荷を持つ希硫酸中の水素イオンが引き寄せられ、電子を受け取って水素原子になります。この水素原子2つが結びついて水素分子となり、銅板（正極）から水素ガスが発生します（図1-16）。

$2H^+ + 2e^- \rightarrow H_2$ (B)

物質が電子を失う反応

　ボルタ電池の負極では、亜鉛が電子を失いました（前節の反応式Aを参照）。このように物質が電子を失う反応を酸化反応といいます。一方の正極では、水素イオンが電子を受け取り水素になり（反応式B）、還元反応となります。電池は電極の酸化還元反応によって電気を作っているといえます。

図1-14 **金属のイオン化傾向**

リチウム	カリウム	カルシウム	ナトリウム	マグネシウム	アルミニウム	亜鉛	鉄	ニッケル	スズ	鉛	水素	銅	水銀	銀	プラチナ	金
Li	K	Ca	Na	Mg	Al	Zn	Fe	Ni	Sn	Pb	(H₂)	Cu	Hg	Ag	Pt	Au

大 ← → 小

図1-15 **電極の正負**

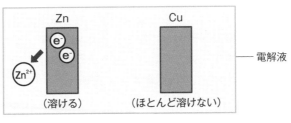

	Zn		Cu
	（溶ける）		（ほとんど溶けない）

— 電解液

イオン化傾向 　Zn　>　Cu

陽イオンになりやすい　　陽イオンになりにくい
||　　　　　　　　||
電子を放出する　　　電子を受け取る
||　　　　　　　　||
負極　　　　　　　　正極

図1-16 **ボルタ電池の正極の反応構造**

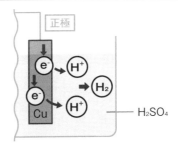

正極

H₂SO₄

Point

- 化学電池の電極では、イオン化傾向が大きい金属が負極となる
- ボルタ電池の正極では、希硫酸中の水素イオンが負極から到達した電子を受け取って水素ガスになる
- ボルタ電池では、負極では亜鉛が電子を失い、正極では水素イオンが電子を受け取る、電極の酸化還元反応によって電気が流れている

世界初の化学電池が実用化されなかった理由

ボルタ電池の最大の欠点

　世界初の化学電池として誕生したボルタ電池でしたが、実用化されませんでした。その原因は、ボルタ電池の最大の欠点である、**反応の持続時間が短く、すぐに電流が流れなくなる**ことにあります。電流が流れると、正極の銅板の表面を水素ガスの気泡が覆うようになり、反応を阻害するため（＝分極）と従来の高校の教科書では説明されてきました。

電流が流れなくなる理由

　しかし実際に実証実験を行うと、正極だけでなく、負極の亜鉛板も希硫酸に溶けて水素ガスを発生しています（図1-17）。

　負極での水素ガスの発生により、正極に流れるはずの電子を消費することになるので、それだけボルタ電池の電流は少なくなります。また正極と同様に、負極の亜鉛板の表面が水素ガスの気泡に覆われると、反応が阻害されて分極が起こります（図1-18）。

実際の正極の反応とは？

　一方の正極の銅板の表面は、実際には空気中ですぐに酸化されて（＝さびて）、酸化銅（Ⅰ）となっており、負極からの電子を受け取って、次のような還元反応で電流は流れます。

$$Cu_2O + 2H^+ + 2e^- \rightarrow 2Cu + H_2O$$

　このように実際にボルタ電池の実証実験を行うと、非常に小さな電流しか流れず、しかも両極で水素ガス発生により分極し、正極の反応も異なることから、近年は高校の教科書では触れないことになりました。

図1-17　　　　　**実際のボルタ電池の構造**

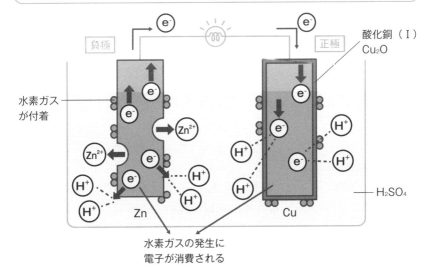

酸化銅（Ⅰ）
Cu₂O

負極

正極

水素ガス
が付着

H₂SO₄

水素ガスの発生に
電子が消費される

図1-18　　　　　**水素ガスによる分極**

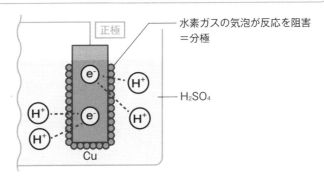

正極

水素ガスの気泡が反応を阻害
＝分極

H₂SO₄

Point

- ボルタ電池は「正極の表面を水素ガスの気泡が覆うため、反応が阻害される（＝分極する）」ため、電池の寿命が短いと説明されてきた
- 実際には「両極で水素が発生し、負極側の表面を水素ガスの気泡が覆う」ため、電流も小さく、すぐに流れなくなる
- 正極の銅板はすぐに酸化されて酸化銅（Ⅰ）になり、希硫酸液中に溶け出した銅イオンが電子を受け取って銅になる還元反応が生じている

次世代につながる電池の開発

ボルタ電池を改良したダニエル電池

　1836年にジョン・フレデリック・ダニエル（英）は、ボルタ電池の持続時間が短いという欠点を改善し、世界で初めて実用的な化学電池となるダニエル電池を発明しました。

　ダニエル電池の構造は、**外側はガラス、内側は素焼きの二重の円筒容器で構成され、ボルタ電池と同様に負極に亜鉛、正極に銅**というものです（図1-19）。電解液に負極側と正極側をそれぞれ硫酸亜鉛溶液、硫酸銅溶液と異なる種類を使用したこと、これらの電解液を素焼きの容器のセパレータで分離させたことが大きく異なります。この素焼きの容器には多くの微小な穴があり、溶液は通さずに電解液中のイオンは通すという特色があります。

素焼きのセパレータによる効果とは？

　ダニエル電池の負極では、ボルタ電池と同じ反応が起こり、正極へ移動した電子は、銅イオンと反応して、銅が析出します（図1-20）。

負極：$Zn \rightarrow Zn^{2+} + 2e^-$
正極：$Cu^{2+} + 2e^- \rightarrow Cu$

　このとき電解液に希硫酸を用いていないので、ボルタ電池のように水素ガスが発生して分極が生じることもありません。しかしこれらの反応が進むと、負極の電解液中で亜鉛イオンが過剰になり電解液が正電荷を、正極側でも銅イオン濃度が低くなり電解液が負電荷を帯びて反応が終了します。

　一方、電解液には電気的に中性を保とうとする働き（電気的中性の原理）があり、セパレータ間を亜鉛イオンが正極側に移動、もしくは硫酸イオンが負極側に移動することで、電解液全体の正負の電荷がゼロに保たれ電池の反応が持続します（図1-21）。電解液中の銅イオンがなくなった、または亜鉛イオン濃度が濃くなり飽和状態になったとき電池の反応は停止します。

図1-19 ダニエル電池の構造

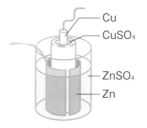

Cu
CuSO₄
ZnSO₄
Zn

図1-20 ダニエル電池の反応構造

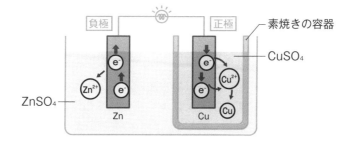

負極　正極　素焼きの容器

CuSO₄

ZnSO₄

Zn　Cu　Cu

図1-21 セパレータを通過する電極間のイオン

※かつては長時間使用するために、頻繁に両極の電解液を交換していた

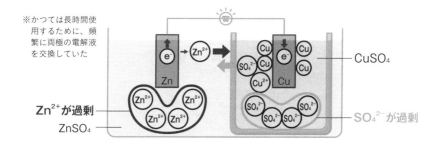

Zn

CuSO₄

Zn²⁺が過剰
ZnSO₄

Cu

SO₄²⁻が過剰

Point

- ダニエル電池は電解液に希硫酸を用いていないので、ボルタ電池のように水素ガスが発生して分極が生じることがない
- 電気的中性の原理によって正負極の金属イオンが素焼きのセパレータを移動し、電解液の正負の電荷がゼロに保たれ、電池の持続時間が長くなる

» マンガン乾電池につながる 電池の開発

ダニエル電池の欠点を改善

　ダニエル電池には、電解液中のイオン濃度によって反応が停止するという欠点がありました。そこで1866年にジョージ・ルクランシェ（仏）は、安価で長時間使える**ルクランシェ電池**を発明しました。この電池は電信、電話用として普及し、今日のマンガン乾電池のもととなります。

長く使える電池の誕生とその欠点

　ルクランシェ電池の負極は、従来の電池と同様に亜鉛を用います。正極には素焼きの容器など、細孔が非常に多く空いた多孔質容器に、**二酸化マンガン**の粉末を詰め、炭素棒を差し込んだものを使います。この炭素棒は電子をよく導くためのものです（図1-22）。これらを電解液の**塩化アンモニウム**に浸すと、負極では亜鉛が溶けて$Zn(NH_3)_2Cl_2$が生成されます。

　そのためダニエル電池と違って、亜鉛イオンの濃度過剰による反応停止はなくなり、電池の持続時間が長くなりました。負極から移動してきた電子により、正極の二酸化マンガンは、オキシ水酸化マンガンへ、つまり+4価から+3価へと還元反応が起こります（図1-23）。

　負極：$Zn + 2NH_4Cl \rightarrow Zn(NH_3)_2Cl_2 + 2H^+ + 2e^-$
　正極：$MnO_2 + H^+ + e^- \rightarrow MnOOH$

　正極の反応の途中で水素が発生しますが、二酸化マンガンにすぐに吸収されて水となり分極が妨げられ（減極）、ここでも電池の長時間使用が実現しました。また亜鉛板に水銀をコーティングすることで水素発生をおさえることができました。このようにルクランシェ電池は、これまでの電池と比べて格段に長く使える電池となりました。しかし使用中に塩化アンモニウム溶液による容器の腐食や持ち運びにも不便で、冬になると凍って使えなくなるなどの問題がありました。

図1-22	ルクランシェ電池の構造

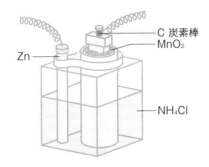

C 炭素棒
MnO₂
Zn
NH₄Cl

図1-23	ルクランシェ電池の反応構造

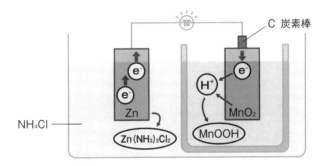

C 炭素棒
NH₄Cl
Zn
Zn(NH₃)₂Cl₂
H⁺
MnO₂
MnOOH

Point

🖉 ルクランシェ電池の負極では亜鉛が溶け Zn(NH₃)₂Cl₂ が生成され、亜鉛イオン濃度過剰による反応停止はなくなり、電池の持続時間が長くなった

🖉 負極の反応の途中で、分極の原因となる水素が発生するが、二酸化マンガンにすぐに吸収され、ここでも電池の長時間使用が実現した

🖉 ルクランシェ電池には、使用中に塩化アンモニウム溶液がこぼれたり、持ち運びにも不便で、冬は凍って使えなくなるなどの問題があった

液漏れのしない「乾いた」電池の誕生

特許を取得した、公的には世界初の乾電池

　ドイツの医師で発明家であったカール・ガスナーは電解液に石こうの粉末を混ぜてペースト状にして、それまでのように横にしても液漏れがしない乾電池を発明しました（図1-24）。ガスナーの乾電池は、1888年にドイツで特許を取得したため、公的には世界初の乾電池となります。また同時期にデンマークの発明家ウィルヘルム・ヘレセンスも乾電池を発明しています。

　彼らが発明した電池はルクランシェ電池を基本としています。まず負極を兼ねた亜鉛缶を容器として、その中に二酸化マンガン粉末と石こう粉末を混ぜてペースト状にしました。そこに電気を通すために炭素粉末を加えて、中心には正極となる炭素棒を入れたのです。

世界発の乾電池を発明した日本人？

　実は、ガスナーやヘレセンスに先駆けて乾電池を発明した日本人がいました。実業家で発明家でもあった屋井先蔵は、1885年に屋井乾電池合資会社を設立し、電池で正確に動く「連続電気時計」を発明しています。屋井がこのとき使用した電池には、正極の炭素棒の非常に小さな穴から電解液が漏れて腐食するという問題がありました。

　そこで屋井は苦労を重ねてついに1887年、パラフィンでその穴をふさぐ方法で問題を解決することに成功します。こうして**ガスナーらの発明したものより性能のよい、世界初の乾電池となる「屋井乾電池」を発明**したのです（図1-25）。しかし特許取得が1893年だったため、幻の「世界初」となったのでした。1894年に勃発した日清戦争では、屋井乾電池だけが満州の寒さの中で軍用として使えたことから、非常に評判を呼びます。その後、海外品との競争に勝ち、国内乾電池界の覇権を掌握するまで発展し、「乾電池王」とまで、うたわれるようになりました。

図1-24 ガスナーの乾電池と屋井乾電池の構造

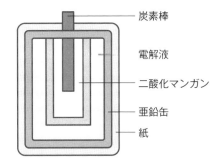

- 炭素棒
- 電解液
- 二酸化マンガン
- 亜鉛缶
- 紙

※ガスナー：電解液を石こうで固め、炭素棒を紙のセパレータで包む
※屋井：電解液を紙に浸して、パラフィンで炭素棒を包む

図1-25 屋井乾電池

東京理科大学『本学 近代科学資料館所蔵の「屋井乾電池」が毎日新聞で紹介』
（URL：https://www.tus.ac.jp/today/archive/20211118_1000.html）

Point

- 1888年にドイツのガスナー、デンマークのヘレセンスが特許を取得したため、公的には彼らの発明したものが世界初の乾電池となる
- 1887年にはすでに日本人の屋井先蔵が、ガスナーらの乾電池よりも性能のよい屋井乾電池を発明しているが、特許を取得しなかったため幻の「世界初」となった

やってみよう

11円を積み重ねて、コイン電堆を作ってみよう

　ボルタ電堆（**1-5**）とは、銅板と亜鉛板の間に塩水を染み込ませたスポイン状物質をはさんだものでした。そこで銅板の代わりに10円玉、亜鉛板の代わりにアルミ製の1円玉を使って、自宅でコイン電堆を作ってみましょう。一体いくらかかるでしょうか？

用意するもの

・10円玉7〜10枚（できればピカピカのもの）	・実験用電子オルゴール
・1円玉7〜10枚	・リード線
・キッチンペーパー	・食塩水（塩化ナトリウム水溶液）

やり方

❶鍋にお湯を沸かして、溶かせるだけの塩を入れて、濃い目の食塩水を作ります。冷めたら、あらかじめ10円玉と同じサイズにカットしたキッチンペーパーを浸して、滴が落ちない程度に絞ります。

❷10円玉の上に食塩水を浸したキッチンペーパー、さらに1円玉を重ねます。この11円の組み合わせを7個ぐらい重ねたら、電子オルゴールの負極を1円玉、正極を10円玉につないでみて、音が鳴るかどうか確認してみましょう。

❸音が鳴らない場合は、さらに11円の組み合わせを増やしてください。

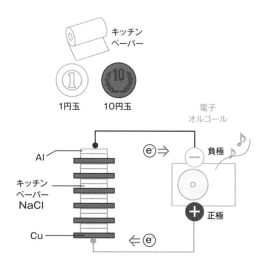

使い切り式の電池

～最も広く普及した一次電池～

第 **2** 章

電池の基本構造としくみとは?

電子の受け渡しを担う物質

　ボルタ電池の誕生以降、改良を重ねることで進化し、現在さまざまな種類の化学電池が実用化されています。その基本的な構造は、一次電池・二次電池にかかわらず、電極と電解質から構成されています（図2-1）。

　電極には負極と正極の2つの電極があり、基本的には**電極物質には電気を通し、イオン化傾向が異なる2種類の金属や金属酸化物が使われています**（図2-2）。近年開発された電池では、電極に同じ金属を使ったり、金属ではない導電体を使ったりしている場合もあります。

　負極では負極自身、またはそれ以外の物質から電子を外部回路に供給します（酸化）。この物質のことを負極活物質といいます。正極では正極自身、またはそれ以外の物質が電子を受け取り（酸化）、これを正極活物質といいます（図2-3）。つまり**電極物質が必ずしも電池反応に関係するとは限りません**。電池によっては、電池反応には関係せずに、反応によって得られた電子を集めるためだけの集電体が使われています。この集電体には、電子をよく導く物質が使われています。

ほとんどの化学電池で使われる重要な媒介

　電解質とは、電気を通す液体または固体のことです。ほとんどの化学電池で液体（電解液・電解質溶液）が使われていますが、近年では二次電池の全固体電池など、固体の電解質を使った電池も登場しています（4-16）。

　電解質の役割は、電池の酸化還元反応に必要なイオンを、負極と正極の間で受け渡すことであり、電子は通さず絶縁性を持ちます。このため電解質の中で負極から正極へ電子が移動して、発熱・発火などの原因となるショートサーキット（内部短絡）を防いでいます。

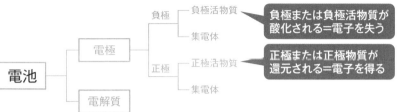

図2-1 化学電池の基本要素

図2-2 ボルタ電池における酸化還元反応に関与する物質

電極	負極	正極
電極物質	亜鉛	銅
活物質	亜鉛	水素イオン
酸化還元反応	亜鉛が酸化される	水素イオンが還元される
電子の受け渡し	亜鉛が電子を失う・供給する	水素イオンが電子を得る・受け取る
酸化剤・還元剤	亜鉛が還元剤	水素イオンが酸化剤

図2-3 ボルタ電池における酸化と還元

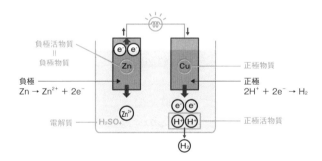

Point

- 化学電池は、電極と電解質から構成されており、電池によっては電池の化学反応に関係しない、電子を集めるための集電体が使われる
- 電解質とは電気を通す液体または固体のことであり、電池の化学反応に必要なイオンのみを負・正極間で受け渡す
- 電解質は電子を通さない絶縁体なので電子の移動がふさがれ、発熱や発火の原因となるショートサーキット（内部短絡）を防止している

》 電池の性能を数値化したもの

標準電極電位と公称電圧

　金属が水溶液中で陽イオンになりたがる強さであるイオン化傾向（**1-7**）を、標準状態（1気圧25度）の水素の電位を基準として数値化したものを、標準電極電位といいます。

　電池の電圧（起電力）とは、電流を押し出そうとする力（V）であり、負極活物質と正極活物質の標準電極電位の差で、ほぼ決まります（図2-4）。しかし実際には、電池内の複雑な化学反応、濃度、温度、酸性度などで、その数値は微妙に変わります。そこでJIS規定により、電池は**通常の状態で使用した場合の端子間の電圧の目安が種類ごとに決められています**。これを公称電圧といいます（図2-5）。この公称電池は、実用化されている電池には必ず記載されています。

電気容量と電気密度

　電池の持ちのよさは、いかに長時間使用できるかです。これを示す電気容量（Ah：アンペアアワーまたはアンペア時）とは、1時間に電池から取り出せる電気量（A）のことです（図2-6）。この電気容量は、一次電池では電池を使用する機器によって変わるので、一部メーカーでは公表されていますが、一般的に電池には記載されていません。また二次電池では、電気容量が電流の大小であまり変わらないので、電池に記載されています。

　電池の性能を比較する際に、体積当たりまたは重量当たりの、電池の公称電圧（V）と電気容量（Ah）をかけ合わせたエネルギー密度が使われています。エネルギー密度が高いほど、体積または重量がより小さくて、大きなエネルギーが取り出せることを意味します。

体積エネルギー密度（Wh/l）＝ V（電圧）× Ah（電気容量）/ l（体積）
重量エネルギー密度（Wh/kg）＝ V（電圧）× Ah（電気容量）/ kg（重量）

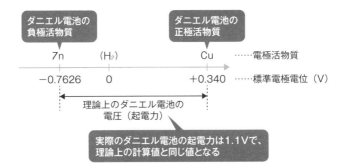

図2-4	金属の標準電極電位と電池の電圧

ダニエル電池の
負極活物質

ダニエル電池の
正極活物質

Zn　　（H_2）　　　　　Cu　　……電極活物質

−0.7626　　0　　　　+0.340　　……標準電極電位（V）

理論上のダニエル電池の
電圧（起電力）

実際のダニエル電池の起電力は1.1Vで、
理論上の計算値と同じ値となる

図2-5	主な一次電池の公称電圧

電池名	公称電池（v）
マンガン乾電池	1.5
アルカリマンガン乾電池	1.5
空気亜鉛電池	1.4
酸化銀電池	1.55

出典：日本産業標準調査会『一次電池通則』（URL：https://www.jisc.go.jp/app/jis/general/
GnrJISUseWordSearchList?toGnrJISStandardDetailList）をもとに著者が作成

図2-6	電圧と電気容量のイメージ

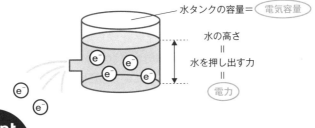

水タンクの容量＝　電気容量

水の高さ
=
水を押し出す力
=
電力

Point

- 電池の電圧（起電力）とは、電流を押し出そうとする力（V）であり、負極活物質と正極活物質の標準電極電位の差で、ほぼ決定される
- 上記の値は電池内の条件によって微妙に異なるので、電池の種類によって交称電圧が定められている
- エネルギー密度には2種類あり、それぞれ電池の公称電圧（V）と電気容量（Ah）をかけ合わせ、体積または重量で割ったものである

電池が普及するきっかけとなった乾電池

元祖乾電池といえばマンガン乾電池

かつて最も広く普及していたマンガン乾電池は、ルクランシェ電池を改良したもの（**1-11**）です。国内初のマンガン乾電池を開発した屋井先蔵の死後、1931年に他社でも本格的な生産が始まり、改良が進みました。2008年3月に国内生産が終了し、現在流通しているものは海外製品です。

使用される金属をいろいろと工夫

マンガン乾電池では、合成のりで電解質をペースト状にしてセパレータに染み込ませています。これにより**電解質の液漏れ解消が画期的に実現**しました。マンガン乾電池はルクランシェ電池と同様に、負極および負極活物質に亜鉛、正極活物質に二酸化マンガン、集電体に炭素棒を用いています（図2-7）。電解質には、初期の頃は同じ塩化アンモニウム溶液、後に塩化亜鉛溶液を用いるようになりました。

負極では下部の式のように、亜鉛が塩化亜鉛溶液に溶けて電子を放出し、酸化反応を起こして$ZnCl_2 \cdot 4Zn(OH)_2$が沈殿します（図2-8）。そのため水溶液中の亜鉛イオンの濃度上昇による化学反応の停止が防がれ、電解質の塩化亜鉛溶液も吸収されて液漏れ防止となります。また負極の亜鉛は缶状になって電池の容器の役割もしていて、水素発生を防ぐためにかつての水銀（**1-10**）の代わりにインソジウムが添加されています。さらに亜鉛缶には液漏れ防止のために、外から金属ジャケットで保護されています。

電池内部の正極では、電気がよく通るように炭素粉末が添加され、以下のように二酸化マンガンが電子を受け取って+4価から+3価へ還元反応が起こり水素イオンと結合します。このとき二酸化マンガンは、水素イオンを吸収して分極を防ぐ減極剤の働きもしています。

負極：$4Zn + ZnCl_2 + 8H_2O \rightarrow ZnCl_2 \cdot 4Zn(OH)_2 + 8H^+ + 8e^-$

正極：$MnO_2 + H^+ + e^- \rightarrow MnOOH$

| 図2-7 | マンガン乾電池の構造の略図 |

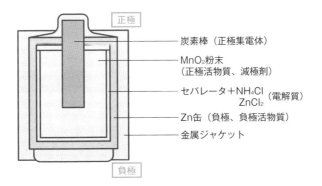

- 炭素棒（正極集電体）
- MnO₂粉末（正極活物質、減極剤）
- セパレータ＋NH₄Cl（電解質） ZnCl₂
- Zn缶（負極、負極活物質）
- 金属ジャケット

正極

負極

| 図2-8 | マンガン乾電池の反応の構造 |

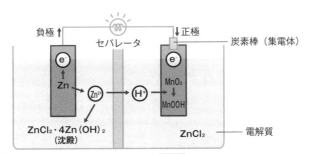

負極 ↑
セパレータ
正極 ↓
炭素棒（集電体）

e⁻
Zn
Zn²⁺
H⁺
MnO₂ ↓ MnOOH
e⁻

ZnCl₂・4Zn(OH)₂ (沈殿)
ZnCl₂
電解質

負極 $Zn \rightarrow Zn^{2+} + 2e^-$
$Zn^{2+} + 2H_2O \rightarrow Zn(OH)_2 + 2H^+$
$4Zn + ZnCl_2 + 8H_2O$
$\rightarrow ZnCl_2 \cdot 4Zn(OH)_2 + 8H^+ + 8e^-$

正極 $MnO_2 + H^+ + e^- \rightarrow MnOOH$
全体 $4Zn + ZnCl_2 + 8MnO_2 + 8H_2O$
$\rightarrow ZnCl_2 \cdot 4Zn(OH)_2 + 8MnOOH$

Point

- マンガン乾電池では、電解質を合成のりでペースト状にしてセパレータに染み込ませることにより、電解質の液漏れ解消を実現した
- マンガン乾電池の構造は、負極および負極活物質に亜鉛、正極活物質に二酸化マンガンと集電体として炭素棒、電解質に塩化亜鉛からなる
- 正極活物質である二酸化マンガンは、水素イオンを吸収して分極を防ぐ減極剤の働きも行う

» パワーがあり長持ちする、現在最も普及している電池

アルカリ性の乾電池?

　アルカリ乾電池は、現在最も普及している一次電池で、正式にはアルカリ・マンガン電池といいます。1964年から国内生産が始まり、その名の通り、マンガン乾電池に似ていて、負極活物質に亜鉛、正極活物質に二酸化マンガン、公称電圧も同じ1.5Vです。しかしアルカリ乾電池の方がマンガン乾電池よりも電気容量が約2倍大きく、長持ちするため、シェーバーや懐中電灯など、**大きな電力を使う機器に適しています**。また電解質に電導性の高く反応が進みやすい強アルカリ性の水酸化カリウム水溶液が使われており、これが名前の由来です。内側に負極活物質、外側に正極活物質とマンガン乾電池のインサイドアウトの構造となっています（図2-9）。

亜鉛粉末でパワーアップ

　負極活物質には、亜鉛の粉末に水素の発生を防ぐ減極剤を混ぜてゲル状にしたものを用いています。このためセパレータに染み込ませた**電解質と化学反応を起こす接触面積が大きくなって反応効率が上昇し、より大きな電気を集めることができる**ようになりました。

　負極では図2-10に示す化学式のように亜鉛が強アルカリに溶けて、電子を放出して酸化反応が起こります。負極活物質の亜鉛が電極を兼ねていないため、負極の集電体として炭素棒などが差し込まれています。セパレータの外側には、正極活物質の二酸化マンガン粉末と電気がよく通るように炭素粉末などが混ざったものが入っています。

　正極では、以下の化学式に示すように減極剤の役目を兼ねた二酸化マンガンが電子を受け取って+4価から+3価への還元反応が起こり、水と反応します。また強アルカリ性の電解質の腐食に強い鉄製の完全密閉構造の容器缶が、正極集電体の役割を兼ねています。

$$MnO_2 + H_2O + e^- \rightarrow MnOOH + OH^-$$

| 図2-9 | アルカリ乾電池の構造の略図 |

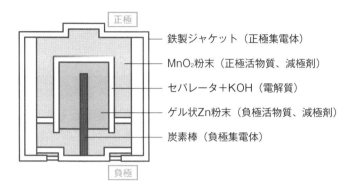

正極

鉄製ジャケット（正極集電体）
MnO_2粉末（正極活物質、減極剤）
セパレータ＋KOH（電解質）
ゲル状Zn粉末（負極活物質、減極剤）
炭素棒（負極集電体）

負極

| 図2-10 | アルカリ乾電池の反応の構造 |

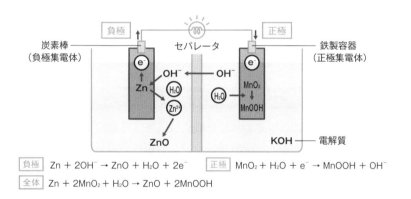

負極　　　　　　　　　　　　　　　正極

炭素棒
（負極集電体）　　　セパレータ　　　　鉄製容器
（正極集電体）

e^-　　　OH^-　　OH^-　　　e^-
Zn　H_2O　　H_2O　MnO_2
　　Zn^{2+}　　　　　　$MnOOH$

ZnO　　　　　　KOH — 電解質

負極 $Zn + 2OH^- \rightarrow ZnO + H_2O + 2e^-$　　正極 $MnO_2 + H_2O + e^- \rightarrow MnOOH + OH^-$
全体 $Zn + 2MnO_2 + H_2O \rightarrow ZnO + 2MnOOH$

Point

- アルカリ乾電池は、マンガン乾電池に似た構造でありながら、その性能が改善され、電気容量が約2倍大きく長持ちする
- アルカリ乾電池の電解質には、電導性の高く、反応が進みやすい強アルカリ性の水酸化カリウム水溶液が使われている
- 亜鉛の粉末に水素の発生を防ぐ減極剤を混ぜてゲル状にした負極活物質を使用することで、より多くの電気を集めることが可能となった

» やっかいな自己放電の解決法

やっかいな自己放電

　電池は使用しないで放置しておくと、**外部に接続しなくても、活物質と電解質の間で、または両極の活物質が電解質を通して反応してしまいます**。このとき時間の経過とともに、電池から取り出せる電気の量が低下してしまうことを自己放電といいます。

　自己放電は化学反応によって進むので、電池の保存の際に周囲の温度が高いほど起こりやすくなります。また保存時に化学反応が起こりやすい材料があるため、電池の種類によって自己放電が起こりやすいものがあります。このような電池の自己放電を防ぐため、JIS規格では、一次電池に対してのみ放電持続時間を発揮する期間である「使用推奨期限」を電池の本体の底部や側面、パッケージに表示することになっています（図2-11）。

電池の高性能化に貢献した水銀

　マンガン乾電池およびアルカリ乾電池（以下、乾電池）の負極活物質に使われる亜鉛は、イオン化傾向が大きいため電解質に溶けやすく（**1-7**）、これは、他の金属と化学反応を起こしやすく、自己放電を起こしやすいことを意味します。しかし乾電池の中で**自己放電が起きてしまうと、発生した水素ガスによって電池が膨張し、液漏れが起こってしまいます**。

　そのため1990年までの乾電池には、必ず水銀が含まれていました。乾電池の亜鉛は水銀との合金（アマルガム）を作ると、イオン化（腐食）が妨げられ、自己放電による水素ガス発生をおさえることが可能になります。これは水銀の水素を生成させるための電圧（水素過電圧）が高いため、水素ガスの発生反応が非常に遅いという性質を利用したものです。また合金化により電流が流れやすくなり、乾電池の高性能化に水銀は必要な存在でした。そのため乾電池以外に、酸化銀電池とアルカリマンガンボタン電池にも微量の水銀が含まれていました（図2-12）。

図2-11 乾電池の使用推奨期限

電池の種類		年数
アルカリ乾電池	単1、単2、単3、単4	10年
	単5、9V形	2年
アルカリボタン電池		2年（一部4年）
酸化銀電池		2年
空気電池		
リチウムコイン電池		5年
筒形（カメラ用）リチウム電池		

出典：マクセル『使用推奨期限について』（URL：https://www.maxell.jp/consumer/dry-voltage_01.html）

図2-12 水銀の用途

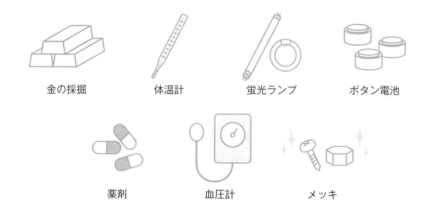

金の採掘　　体温計　　蛍光ランプ　　ボタン電池

薬剤　　血圧計　　メッキ

Point

- 自己放電とは外部に接続しなくても、活物質と電解質の間、または両極の活物質が電解質を通して反応し、起電力が低下することである
- 自己放電により機器が使えなくなるのを防ぐため、JIS規格により一次電池のみ「使用推進期限」を電池の本体に表示することになっている
- 亜鉛と水銀との合金（アマルガム）の利点は、イオン化を防止し、自己放電による水素ガスの発生をおさえ、電流を流れやすくすることである

水銀ゼロ実現までの道のり

公害問題から水銀0（ゼロ）が実現へ

やがて水銀は水俣病という公害病との因果関係が認められ、特に1980年代に脱水銀が叫ばれるようになります（図2-13）。そこで電池の性能を落とさず、水銀を使わない乾電池の研究開発が進められ、世界に先駆け国内では1991年マンガン乾電池、1992年アルカリ乾電池で水銀0（ゼロ）が実現したのでした。

実現のために技術者たちによって、水銀に代わり毒性が低く、水素過電圧が高い（＝水素ガス発生反応が起こらない）金属が徹底的に探究されました。その結果、**インジウムなどを少量含んだ合金の使用**、**電解質への腐食抑制剤を添加**、**水素発生の原因となりやすい不純物が少ない高純度材料を使用**することなどによって水銀0（ゼロ）が達成されたのでした。1995年には水銀電池（**2-8**）の国内生産が中止され、現在では酸化銀電池、アルカリボタン電池でも水銀0（ゼロ）が実現されています（図2-14）。

大変だったアルカリ乾電池の水銀0（ゼロ）

かつてのマンガン乾電池に取って代わったアルカリ乾電池ですが、水銀0（ゼロ）実現の際には、マンガン乾電池よりもずっと困難な道のりでした。その原因の1つに、正極活物質に用いる二酸化マンガン中に含まれる不純物がありました。電解質が強アルカリ性なので、二酸化マンガンの不純物が電解質中にどんどん溶け出してしまい、好ましくない反応を起こして水素ガスを発生させ、液漏れの原因となったのです。

その他不純物が負極活物質の亜鉛粉末に接触して、表面で析出した固体となり、これが大きくなると正極と直接つながるショートサーキット（内部短絡）を起こすこともありました。そこで高純度の電解二酸化マンガンが採用されるようになり、水銀0（ゼロ）実現と同時に、アルカリ乾電池の性能が向上していきました。

図2-13 地球規模の水銀汚染循環のイメージ

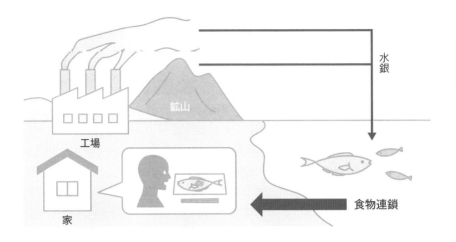

図2-14 色々な電池の水銀0（ゼロ）マーク

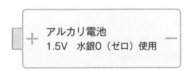

 水銀を意図して使用していない電池には
「水銀0（ゼロ）使用」と明記されている

Point

▱ 毒性が低く水素過電圧が高い金属インジウムなどを少量含んだ合金を使用することなどにより、乾電池の水銀0（ゼロ）が実現した

▱ アルカリ乾電池では、正極活物質の二酸化マンガン中の不純物によるトラブルを防ぐため、純度の高い電解二酸化マンガンが使われている

乾電池の99%のトラブルは
安全のために起こる

今も続く液漏れトラブル？

　技術の進歩により、解消されたはずの液漏れ問題ですが、現在でも一次電池のトラブルの99%が液漏れという報告があります（図2-15）。

　液漏れを起こしやすいのはアルカリ乾電池で、他の電池はほとんど液漏れしません。漏れ出す液体は、水酸化ナトリウムや水酸化カリウムで、電池の端子や電池の入っていた機器内部を腐食することがあります。しかも人体に触れると危険なので、アルカリ乾電池は鉄製の容器による完全密封構造になっています（**2-4**）。そのため通常の使用方法では、液漏れは生じないはずです。

トラブルの本当の原因とは？

　しかし、アルカリ乾電池を次のように誤って使用すると、電池内部の水素ガス発生や発熱により、破裂する危険があります。

- 長時間使わずに機器に装着して放置（過放電）
- 古い電池と新しい電池を一緒に使用（過放電）
- 正極と負極を逆にセットして接続（逆装填）
- 銘柄（会社名、ブランド名）や種類の違う電池、またはサイズの違う電池を混ぜて使用

　そこで電池の内圧が上昇したとき、水素ガスを外に逃がすように、ガスケットの一部が裂けて穴が開くように設けられています（図2-16）。これはアルカリボタン電池も同様の構造になっています。

　この水素ガスが排出されるとき、一緒に電解質も漏れ出します。つまり今も続いている液漏れトラブルは、実は**誤った使い方による破裂事故を回避したために**起こるものだったのです。

図2-15 2020年度の一次電池の現象別トラブル

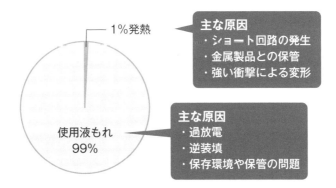

データ出典：一般社団法人電池工業会『どんなトラブルが多いのですか？』
（URL：https://www.baj.or.jp/battery/trouble/q01.html）

図2-16 アルカリ乾電池のガスケット構造の略図

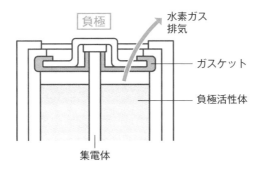

Point

- 強アルカリ性の電解質は腐食性が強く人体に触れると危険なため、アルカリ乾電池やアルカリボタン電池は、液漏れを防ぐ完全密閉型である
- 乾電池は、誤使用による内圧上昇時に発生したガスを外へ排出できるように、ガスケットに穴が開く構造になっている
- 技術が進んだ現在でも報告されている液漏れトラブルは、実は電池の誤使用によるものである

》公害問題により消え去った電池

優れた性能を持っていた水銀電池

水銀電池（酸化水銀電池）は、国内では1955年から製造スタートし、国内生産は、アルカリ乾電池よりも早い時期に始まりました。水銀電池は放電電圧が長時間一定しており、電気容量もアルカリ乾電池の約2.5倍あり、長持ちするという特徴がありました。特にボタン形のものがよく補聴器用に使用され、その他カメラや腕時計にも使われていました（図2-17）。

しかし1980年代に、廃棄された電池からの水銀の危険性が指摘されるようになり、ついに1995年には国内では製造中止となりました。そのため補聴器用は空気亜鉛電池などに、腕時計や一部の海外製のカメラでは酸化銀電池（2-9）で代替されています。しかし水銀電池の公称電圧は1.35Vであり、同じ公称電圧の電池が今のところ存在しません。どうしても水銀電池が必要な場合は、今でも輸入品の水銀電池や電圧変換機能付きのアダプターなどが使用されています。

いい仕事をしていた水銀

水銀電池の構造は、アルカリ乾電池の二酸化マンガンの代わりに酸化第二水銀が用いられているものに相当します（図2-18）。よく使われていたボタン形は、負極活物質に亜鉛粉末と水銀の合金、正極活物質に酸化第二水銀、電解質に水酸化カリウム水溶液が使われています。

正極での酸化第二水銀が還元反応により、常温で液体の金属水銀となって電極から浮遊して電流の流れを助けるので、**放電中に電極の劣化がほとんどありません**。また酸化第二水銀は、水素イオンを吸収して分極を防ぐ減極剤の働きもしていました。

負極：$Zn + 2OH^- \rightarrow ZnO + H_2O + 2e^-$
正極：$HgO + H_2O + 2e^- \rightarrow Hg + 2OH^-$
全体：$HgO + Zn \rightarrow Hg + ZnO$

| 図2-17 | 水銀電池の特徴 |

水銀電池の特徴
・放電時間が長時間一定
・自己放電がなく寿命が長い
・電圧が1.35V
・補聴器やカメラに使用

| 図2-18 | 水銀電池の構造の略図 |

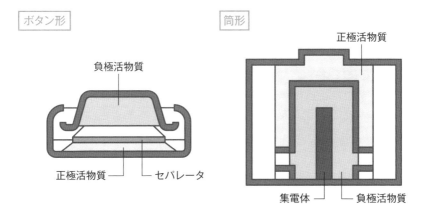

ボタン形

負極活物質

正極活物質　　セパレータ

筒形

正極活物質

集電体　　負極活物質

Point

✎ 水銀電池は放電電圧が長時間一定しており、電気容量もアルカリ乾電池の約2.5倍あり、長持ちするという特徴があった

✎ 水銀電池の構造は、アルカリ乾電池の二酸化マンガンを酸化第二水銀と置き換えたものに相当する

✎ 正極の酸化第二水銀が還元反応によって変化した液体の金属水銀が、電流の流れを助けるので、放電中の電極の劣化がほとんどない

≫ 腕時計で根強い人気の小型電池

かつて精密機器には酸化銀電池が使われていた

1976年の国内生産がスタートした当時から、ボタン形の酸化銀電池（銀亜鉛電池）は、腕時計、電卓、携帯型電子ゲーム機などによく使われてきました。しかし1979年の銀の高騰によるコスト高や電気容量の不足などから、アルカリボタン電池やコイン形リチウム一次電池に代わりました。また電卓は太陽電池（**6-1**）が採用されるようになりました。

一部で使われ続ける理由とは？

ずいぶん人気のなくなった酸化銀電池ですが、実は現在でもアナログ系の腕時計などで使用され続けています。酸化銀電池は**放電中ずっと公称電圧1.55Vをほぼ維持し、放電末期になって急激に低くなる**という特性があります。また自己放電が少なく、長期間の使用が可能で、しかも零下10～60度までと動作温度範囲が広いため、精密さが要求される腕時計や体温計などに向いているのです（図2-19）。

酸化銀電池の構造

酸化銀電池は、負極活物質に亜鉛粉末、正極活物質に酸化銀が用いられています（図2-20）。電解質には、アラームやライト付きの多機能デジタル腕時計などの大電流の場合（W：ハイレート）は、より反応の進みやすい水酸化カリウム水溶液、アナログ腕時計などの微量電力の場合（SW：ローレート）は、液漏れが少ない水酸化ナトリウム水溶液を用いています。

負極では、亜鉛の酸化反応が起こります。かつては亜鉛と水銀の合金が用いられていましたが、2005年より日本のメーカーより水銀0（ゼロ）が実現しています（**2-6**）。正極での酸化銀の還元反応で析出される銀は、電導性に優れているため電圧降下が起こりません。

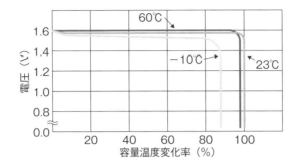

図2-19 酸化銀電池の放電曲線

出典：村田製作所『酸化銀電池』（URL：https://www.murata.com/
ja-jp/products/batteries/micro/overview/lineup/sr）

図2-20 酸化銀電池の構造の略図

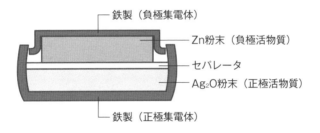

負極　$Zn + 2OH^- \rightarrow ZnO + H_2O + 2e^-$

正極　$Ag_2O + H_2O + 2e^- \rightarrow 2Ag + 2OH^-$

全体　$Ag_2O + Zn \rightarrow 2Ag + ZnO$

Point

- 以前は小型の電池といえば酸化銀電池であったが、銀の価格上昇による
  コスト高や電気容量の少なさから、近年では他の電池が用いられている
- 酸化銀電池は、放電電圧が一定を保ち、また自己放電が少ないので長期
  間使用が可能で、しかも零下10〜60度までと動作温度範囲が広いた
  め、精密さが要求される腕時計や体温計などに向いている
- 負極では亜鉛の酸化反応、正極では酸化銀の還元反応をしており、酸化
  銀電池の放電が終了すると、正極側には大量の銀が析出している

≫ 補聴器の中で長く
活躍している電池

一次電池で最高のエネルギー密度

　これまで化学電池の活物質といえば金属でしたが、電子の受け渡しが可能であれば金属以外でもかまいません。そこで電池の外から活物質を取り入れるという新しい発想で開発されたのが、空気亜鉛電池（空気電池）です。その歴史は古く、第一次世界大戦中フランスでルクランシェ電池に用いる二酸化マンガンが希少金属だったため、1915年にシャルル・フェリ（仏）によって軍事通信機器用に発明されました。1920年代に量産化されましたが、現在ではボタン形が補聴器用に使用されているのみです。

　ボタン形の空気亜鉛電池は、1970年代後半にアメリカで発売され、1986年から日本でも生産が開始されました。空気亜鉛電池は、放電末期まで公称電圧1.4Vを保ちます（図2-21）。しかも一次電池の中でエネルギー密度が1番高く、補聴器のタイプによりますが100～300時間は使用できます。

空気中から正極活物質を取り入れる

　ボタン形の空気亜鉛電池の負極および負極活物質は亜鉛粉末、正極は活性炭に二酸化マンガンなどの触媒を薄く付着させたもので、正極活物質は金属ではなく、空気中の酸素です（図2-22）。電解質は水酸化カリウム水溶液または水酸化ナトリウム水溶液を用います。

　使用時には、電極の空気孔をふさいでいるシールをはがすと約1分で放電を開始し、一度はがすと放電は中止できません。負極では、アルカリ乾電池や酸化銀電池と同じ、亜鉛の酸化反応です。正極では、空気中から取りこんだ酸素が還元されます。

　電池の内部は、正極活物質を格納する必要がないだけ、多くの亜鉛を格納でき、酸化銀電池などより電気容量が大きくなります。

　優れた性能を持つ空気亜鉛電池ですが、二酸化炭素により電解質が劣化しやすい、気温5度以下で性能が著しく落ちるという欠点があります。

図2-21 空気亜鉛電池の放電特性

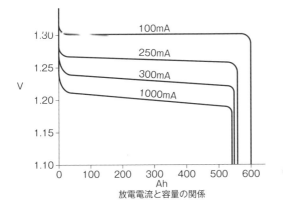

放電電流と容量の関係

出典：一般社団法人電池工業会『電池の歴史2 一次電池』
（URL：https://www.baj.or.jp/battery/history/history02.html）

図2-22 空気亜鉛電池の構造の略図

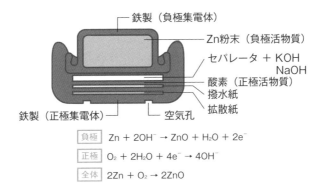

負極 $Zn + 2OH^- → ZnO + H_2O + 2e^-$

正極 $O_2 + 2H_2O + 4e^- → 4OH^-$

全体 $2Zn + O_2 → 2ZnO$

Point

- 空気亜鉛電池は、発明当時は湿電池で大型のものだけだったが、需要がなくなった現在では、ボタン形が補聴器用に使われている
- 空気亜鉛電池は、放電し続けても安定して公称電圧1.4Vを保ち、一次電池の中でエネルギー密度が1番高い。しかし二酸化炭素と気温5度以下の低温に弱いという欠点がある
- 負極では亜鉛が酸化され、正極では空気中から取りこんだ酸素が還元される

一次電池の王様

イオン化傾向最大のユニークな金属

1800年のボルタ電池以降、負極活物質といえは亜鉛でしたが、20世紀後半に初めてリチウムを使った電池が登場し、これを総称してリチウム電池といいます。

リチウムはイオン化傾向が最大で、最も酸化されやすく、電子を放出しやすい金属です。そのため他のどの金属との組み合わせでも、リチウムは必ず負極活物質となり、**それまでのどの電池と比べても、電圧が高く、電気容量も大きくなりました**（図2-23）。さらに水よりも軽い比重0.53の最も軽い金属であるため、エネルギー密度も高くなり、小型で軽量の電池が開発可能です（図2-24）。また自己放電を起こさないという利点もあり、長期保存にも優れています。

しかし、水と激しく反応し、発火することもあるので注意が必要で、有機溶媒中で使用しなくてはなりません。この有機溶媒は氷点下でも凍結しないので、結果として使用温度の範囲も広く、過酷な環境でも対応できます。リチウム電池の中でも、金属リチウムを使ったものをリチウム一次電池といいます（図2-25）。よく似た名称のリチウムイオン電池は、金属ではなくリチウムイオンが用いられていて、スマートフォンやノートPCによく使われる二次電池です（第4章）。

リチウム一次電池の歴史

リチウム一次電池は、1950年代頃からアメリカで軍事・宇宙用として開発されました。太陽電池が開発される前は、人工衛星やロケットに使われてきたのです。日本では1973年に生産が開始し、長期間、機器の中に入れっぱなしで使えるので、ガスメーター、水道メーターや火災報知器、PCやデジカメの電源に使われています。特にコイン形の需要は拡大し、デジタル腕時計では、酸化銀電池からほとんどリチウム一次電池に代わりました。

図2-23 リチウム一次電池の公称電圧

電池名	正極	公称電圧 （V）
二酸化マンガンリチウム電池	二酸化マンガン	3.0
フッ化黒鉛リチウム電池	フッ化黒鉛	3.0
塩化チオニルリチウム電池	塩化チオニル	3.6
ヨウ素リチウム電池	ヨウ素	3.0
硫化鉄リチウム電池	硫化鉄	1.5
酸化銅リチウム電池	酸化銅 （Ⅱ）	1.5

出典：日本産業標準調査会『一次電池通則』（URL：https://www.jisc.go.jp/app/jis/general/GnrJISUseWordSearchList?toGnrJISStandardDetailList）をもとに著者が作成

図2-24 リチウム一次電池のエネルギー密度比較

種類	エネルギー密度 （Wh/Kg）
二酸化マンガンリチウム電池	230
フッ化黒鉛リチウム電池	250
塩化チオニルリチウム電池	590
ヨウ素リチウム電池	245
硫化鉄リチウム電池	260

出典：福田京平『電池のすべてが一番わかる』（技術評論社、2013年）p.91

図2-25 リチウム一次電池の種類

Point

- リチウム一次電池とは、負極活物質に金属リチウムを使った電池の総称で、スマートフォンにはリチウムイオンを使った二次電池が使われている
- リチウムのイオン化傾向が最大で、最も軽い金属という特徴により、リチウム一次電池は、高電圧でエネルギー密度が大きくなる
- リチウム一次電池は、自己放電を起こさないため長期保存にも優れている。しかも使用温度の範囲も広く、過酷な環境でも対応可能である

» 家電機器用電源で 大活躍中の電池

代表的なリチウム一次電池

　リチウム一次電池の中で最もよく使われているのが、1978年に登場した二酸化マンガンリチウム電池です。その構造は、負極および負極活物質にリチウム、正極活物質に不純物を含まない電解二酸化マンガン、正極の集電体にアルミニウム棒、電解質は四フッ化ホウ酸リチウムなどを含む有機溶媒液です。

　負極ではリチウムが電解質に溶け出し、酸化反応が起こり、正極ではマンガンの+4価から+3価へ還元反応が起こります。二酸化マンガンリチウム電池は、公称電圧3Vと高く、しかも**放電末期まで一定を維持し、室温時でも約10年間保存ができます。**

　負極：$Li \rightarrow Li^+ + e^-$
　正極：$MnO_2 + Li^+ + e^- \rightarrow MnOOLi$

いろんな形状で活躍中

　二酸化マンガンリチウム電池の形状は、コイン形と円筒形があります。コイン形には多くの種類が発売されており、酸化銀電池の価格高騰後、優れた代替品として注目を集め、今ではPC、電子辞書、デジカメなど広く使われています。円筒形には、インサイドアウト構造とスパイラル構造の2種類があります。

　インサイドアウト構造は、アルカリ乾電池のように、正極の物質が負極の物質を包み込んだ構造です（図2-26）。電池内部に多くの物質を格納できるので電気容量が大きく、長時間使用が可能です。主にガスメーターや火災報知器、計測器、ETCなどに使われています。

　スパイラル構造は、薄型のシート状の正・負極で、セパレータをはさんで渦巻き状にした構造です（図2-27）。電極の接触面積が大きいので、主にデジタルカメラのように大電流が必要な機器で使われています。

図2-26 インサイドアウト型の構造の略図

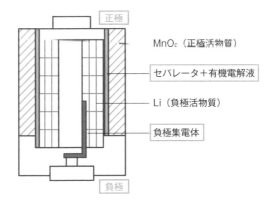

正極

MnO₂（正極活物質）

セパレータ＋有機電解液

Li（負極活物質）

負極集電体

負極

図2-27 スパイラル型の構造の略図

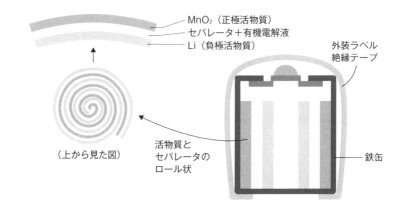

MnO₂（正極活物質）
セパレータ＋有機電解液
Li（負極活物質）

外装ラベル
絶縁テープ

（上から見た図）

活物質と
セパレータの
ロール状

鉄缶

Point

- リチウム一次電池の中で最もよく使われているのが、二酸化マンガンリチウム電池で、多くの機器に使われている
- 二酸化マンガンリチウム電池の形状には、コイン形と円筒型があり、円筒型にはインサイドアウト構造とスパイラル構造がある
- インサイドアウト構造は長時間使用が可能であり、スパイラル構造は大きな電気が必要な機器で使われる

≫ 高い耐熱性と10年以上の 長期使用が可能な電池

非常に耐熱性がある電池

　二酸化マンガンリチウム電池よりも少し早い1976年に発売されたのが、フッ化黒鉛リチウム電池です。両者はサイズが同じであれば、ほぼ交換性があり、公称電圧3V、放電末期まで一定電圧、コイン形と円筒形があり、円筒形の構造もインサイドアウト型とスパイラル型と同じです。

　比較的使用できる温度が幅広いリチウム一次電池の中でも、**フッ化黒鉛リチウム電池は耐熱性が高い**ところが異なります。一般的なリチウム一次電池の使用範囲が零下40度〜60度であるのに対し、高温125度まで使用できるものがあります（図2-28）。このような耐高温電池は、自動車の装備品などに使用されています。

10年間使い続けても、ほとんど劣化なし

　フッ化黒鉛リチウム電池の構造は、負極活物質にリチウム、正極活物質にフッ化黒鉛、電解質に四フッ化ホウ酸リチウムを含む有機溶媒が用いられます（図2-29）。

　負極はリチウムの酸化反応です。正極では、フッ化黒鉛がフッ化リチウムとなり、炭素が発生します。

負極：$Li \rightarrow Li^+ + e^-$
正極：$Li^+ + e^- + (CF)_n \rightarrow (CF)_{n-1} + LiF + C$

　炭素には電導性があるため、放電を続けても電圧が最後まで安定するという特性があります。しかもフッ化黒鉛リチウム電池は自己放電も小さいので、**電圧が安定したまま10年間経過してもほとんど劣化しません**。そのためICメモリーのバックアップ電源、10年間無保守のガス自動遮断メーターなど各種メーターの電源に使用されています。

図2-28 耐高温性フッ化黒鉛リチウム電池の放電特性

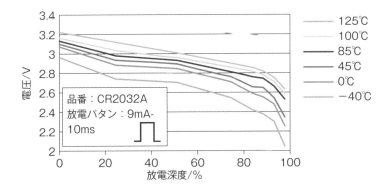

出典：パナソニック エナジー『耐高温コイン形リチウム電池のご紹介』（URL：https://industrial.panasonic.com/cdbs/www-data/pdf/AAA4000/ast-ind-210571.pdf）

図2-29 コイン形フッ化黒鉛リチウム電池の構造の略図

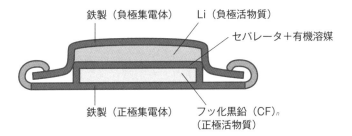

Point

- フッ化黒鉛リチウム電池と二酸化マンガンリチウム電池はサイズが同じであればほぼ交換性がある
- フッ化黒鉛リチウム電池は耐熱性が高く、125度まで使用できるものがあるため、自動車の装備品などに使用されている
- フッ化黒鉛リチウム電池は自己放電が小さく、電池反応で電導性のある炭素が発生するため、放電し続けても電圧が安定したまま10年間経過してもほとんど劣化しない

国産No.1！　高電圧・高寿命の電池

国産電池の中で最高のエネルギー密度

　国内生産の電池の中で1番のエネルギー密度を持つ電池といえば、塩化チオニルリチウム電池です。放電末期までほぼ公称電圧3.6Vを保ちます（図2-30）。**自己放電も極めて少なく、放電・貯蔵による電圧低下もほとんどなく、10年以上の使用も可能**で、零下55～85度まで幅広い使用温度となります。コイン形・円筒形、平形があり、ICメモリーやエレクトロニクス機器のバックアップ用、火災報知器、電力やガス、水道のメーターの中に組み込まれています。また高い信頼性が必要な、医療やレジ、宇宙、航空、海洋などの特殊電源などにも使われています。

液体の正極活物質が電解質を兼ねる

　塩化チオニルリチウム電池の構造は、負極活物質にリチウム、正極活物質に常温で液体の塩化チオニル（$SOCl_2$）です（図2-31）。これが電解質を兼ねていて、四フッ化ホウ酸リチウムを溶解させて電解質溶液として使用し、有機溶剤を使っていません。また塩化チオニルは空気中で分解しやすいので、完全密閉構造になっています。

　負極は、リチウムの酸化反応です。正極では、塩化チオニルとリチウムから、塩化リチウム、硫黄、二酸化硫黄が生じる反応です。

　負極：$Li \rightarrow Li^+ + e^-$
　正極：$2SOCl_2 + 4Li^+ + 4e^- \rightarrow 4LiCl + S + SO_2$

　電解質に含まれる塩化チオニルと、負極のリチウムとが接触面でショートサーキットが起きそうですが、実際には、リチウム表面に固体の塩化リチウムの被膜が生じ、これがセパレータとして機能し、自己放電を防いでいます。以前はこの被膜が原因で、放電開始時に一時的に電圧が低下するという問題がありましたが、現在は解決されています。

| 図2-30 | 塩化チオニルリチウム電池の放電特性 |

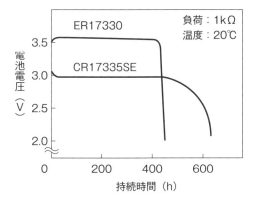

出典：一般社団法人電池工業会『月間機関紙「でんち」平成20年3月1日号』（URL：https://www.baj.or.jp/public_relations/denchi/gu58lf0000000dt2-att/denchi0803.pdf）
※ER17330は塩化チオニルリチウム電池、CR17335SEは二酸化マンガンリチウム電池を指す

| 図2-31 | 塩化チオニルリチウム電池の構造の略図 |

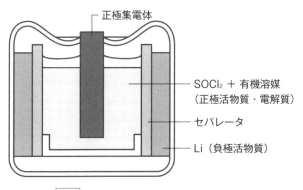

全体 $2SOCl_2 + 4Li \rightarrow 4LiCl + S + SO_2$

Point

- 塩化チオニルリチウム電池は、公称電圧が3.6Vと電池の中で最も高く、放電末期まで一定で、自己放電も極めて少なく、放電・貯蔵による電圧低下がほとんどない
- 正極活物質に常温で液体の塩化チオニル（$SOCl_2$）が電解質を兼ねていて、他のリチウム一次電池と異なり、有機溶剤を使っていない
- 負極活物質のリチウム表面に生じた固体の塩化リチウムの被膜がセパレータとして機能し、自己放電を防いでいる

》 ペースメーカーの中で 活躍している電池

安全性が高く、医療用で活躍

高い安全性が評価され、すべての人工心臓のペースメーカーで使われているのが、ヨウ素リチウム電池（リチウムヨウ素電池）です。この電池は、すべて輸入品で、国内メーカーは参入していないので、JIS規格の公称電圧は決まっていません。コイン形と円筒形があり、**放電末期まで一定の電圧を保ち、使用温度は零下55度から85度までと幅広い**です（図2-32）。

電池反応でセパレータ兼電解質が誕生

ヨウ素リチウム電池の構造は単純です。負極および負極活物質にリチウム、正極活物質にヨウ素とポリビニルピリジンの混合物です（図2-33）。次の化学式は両極の酸化還元反応です。負極は、他のリチウム一次電池と同様、リチウムの還元反応です。正極は、ヨウ素の酸化反応です。

負極：$Li \rightarrow Li^+ + e^-$
正極：$I_2 + e^- \rightarrow 2I^-$
全体の反応：$2Li + I_2 \rightarrow 2LiI$

リチウムの表面にヨウ素が接触すると、固体のヨウ化リチウムが生じ、これがセパレータを兼ねた電解質として働きます。そのため接触面で直接電子の受け渡しをするショートサーキット（内部短絡）も起こりません。

さらに画期的なのは、電解質が固体であることです。電池内に液体が含まれていないため、液漏れトラブルの心配がありません。ヨウ素リチウム電池は一次電池なので、固体電解質を用いた二次電池である全固体電池（**4-16**）とは別種類です。

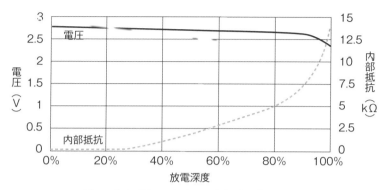

図2-32 ヨウ素リチウム電池の放電特性

出典：一般財団法人　日本デバイス治療研究所『ペースメーカ専用電池の登場』
（URL：http://square.umin.ac.jp/J-RIDT/medical/engnrng4.htm）

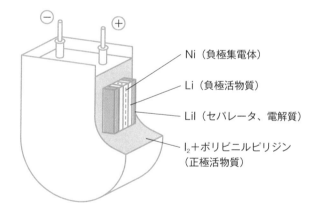

図2-33 ヨウ素リチウム電池の構造の略図

Ni（負極集電体）
Li（負極活物質）
LiI（セパレータ、電解質）
I_2＋ポリビニルピリジン
（正極活物質）

Point

- ✎ ヨウ素リチウム電池は、安全性が高く、すべての人工心臓のペースメーカーで使われているが、すべてが輸入品である
- ✎ ヨウ素リチウム電池は、ショートサーキットを起こさず、液漏れの心配がないため、安全性が高い
- ✎ ヨウ素リチウム電池は電解質が固体であるが、一次電池なので二次電池である全固体電池とは別種類である

≫ 乾電池よりも長持ちする電池

市販されている唯一の1.5Vリチウム一次電池

　ほとんどのリチウム一次電池の公称電圧が3V以上であるのに対し、既存の1.5Vの電池の代替品として、さまざまな正極活物質を用いた研究が行われました（図2-34）。本節では、製造販売されている硫化鉄リチウム電池と一時期市販された酸化銅リチウム電池を解説します。

　高容量で長期保存に優れた1.5Vのリチウム電池を求めて研究開発に成功したのが、硫化鉄リチウム電池です。硫化鉄リチウム電池の構造の特徴は、正極活物質に二硫化鉄をゼラチンで被覆したものが用いられています。電解質はリチウム塩を溶解させた有機溶媒です。**アルカリ乾電池の約7倍長持ちし、3分の2の重量で、零下40度から60度と広い温度範囲で使えます**（図2-35）。温度21度、湿度50%で使用すると15年間の保存が可能です。

　以下は、両極の化学反応です。負極はリチウムの酸化反応、正極は二硫化鉄の還元反応となります。

　負極：$Li \rightarrow Li^+ + e^-$
　正極：$FeS_2 + 4Li^+ + 4e^- \rightarrow Fe + 2Li_2S$

一時期発売されていた1.5Vリチウム一次電池

　銀の価格高騰により酸化銀電池の代替品として開発されたのが、酸化銅リチウム電池です。正極活物質に酸化銅、電解質はリチウム塩を溶解させた有機溶媒を用いていました。電気容量は酸化銀電池と同等、または10%程度大きく、保持特性も上回っていました。しかし低温での短期間・瞬間的に流れるパルス電流の特性に問題がありました。そのため現在では製造中止となっています。

図2-34 **1.5Vリチウム一次電池の正極活物質の理論電圧**

負極活物質	正極活物質	理論電圧（V）
Li	CuO	2.24
	FeS_2	1.75
	Pb_3O_4	2.21
	Bi_2O_3	2.04

出典：福田京平『電池のすべてが一番わかる』（技術評論社、2013年）p.91

図2-35 **酸化銅リチウム電池の放電特性**

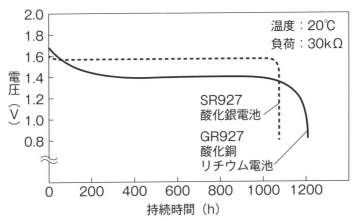

出典：梅尾良之『新しい電池の科学』（講談社、2006年）p.116

Point

- 既存の1.5Vの電池の代替品として、さまざまな正極活物質を用いたリチウム一次電池の研究が行われていた
- 正極は二硫化鉄を用いており、アルカリ乾電池の約7倍長持ちし、3分の2の重量で、零下40度から60度と広い温度範囲で使える
- 酸化銅リチウム電池は、低温でのパルス電流の特性に問題があり、現在では製造中止となっている

» アルカリ乾電池よりも 17倍長持ちする電池

発売当初はアルカリ乾電池より長持ち

ニッケル乾電池は、2002年当時のアルカリ乾電池の改良品として登場しました。デジタルカメラなど高電流が必要なデジタル機器の使用時では、常温で当時のアルカリ乾電池より約5倍（単3形4個使用時）、アルカリ乾電池で問題とされる**低温下（気温0度）では、アルカリ乾電池の約17倍長持ちする次世代の電池**として注目を集めたのです（図2-36）。

アルカリ乾電池によく似た構造

その構造は、アルカリ乾電池の正極の二酸化マンガンを、オキシ水素化ニッケル（NiOOH）に代えたものに相当しました（図2-37）。負極活物質は亜鉛、正極活物質はオキシ水素化ニッケル、電解質は水酸化カリウムです。

負極では亜鉛の酸化反応が起こります。正極はニッケルの+3価から+2価へ還元反応が起こります。

負極：$Zn + 2OH^- \rightarrow ZnO + H_2O + 2e^-$
正極：$NiOOH + H_2O + e^- \rightarrow Ni(OH)_2 + OH^-$

アルカリ乾電池との交換性に問題あり

ニッケル乾電池の公称電圧1.5Vでアルカリ乾電池と同じでしたが、初期電圧は1.7Vとアルカリ乾電池の1.6Vより高く、機器によっては発熱、動作不良、故障するなどが発生する場合がありました。

こうして活躍の場を失ったニッケル乾電池は、2007年に製造中止となりました。

図2-36 ニッケル系一次電池の放電特性

放電特性

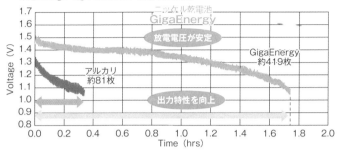

出典：PC Watch『東芝電池、ニッケル乾電池「GigaEnergy」を 2002 年 3 月に投入』
（URL：https://pc.watch.impress.co.jp/docs/article/20011205/toshiba.htm）

図2-37 ニッケル乾電池の構造の略図

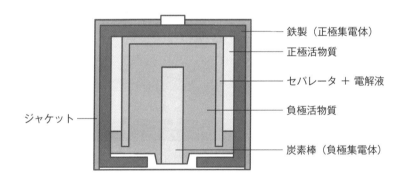

🖉2002 年の発売当初、ニッケル乾電池はアルカリ乾電池よりも特に低温
で長持ちするとして、優れた代替品として注目を集めていた

🖉ニッケル乾電池の構造は、アルカリ乾電池の正極の二酸化マンガンを、
オキシ水素化ニッケルに代えたものに相当した

🖉ニッケル乾電池の初期電圧はアルカリ乾電池よりも高いため、アルカリ
乾電池と交換性がない機器では、発熱や故障など不具合を起こした

» 大容量で一定電圧を キープする電池

アルカリ乾電池から置き換わる?

オキシライド乾電池は、2004年当時のアルカリ乾電池よりも大容量が得られる電池として登場しました（図2-38）。特に**大電流のデジタルカメラのフラッシュ撮影では、撮影枚数は2倍になり、放電終了まで緩やかに一定電圧を維持しました**（図2-39）。発売当時はアルカリ乾電池の市場90%がオキシライド乾電池に置き換わるといわれていました。

その構造は、負極活物質は亜鉛、正極活物質はオキシ水素化ニッケルと二酸化マンガン、黒鉛の混合物、電解質は水酸化カリウムです。負極では亜鉛の酸化反応が起こります。正極はニッケルの+3価から+2価へ、マンガンの+4価から+3価への還元反応が起こっています。

負極：$Zn + 2OH^- \rightarrow ZnO + H_2O + 2e^-$
正極：$NiOOH + H_2O + e^- \rightarrow Ni(OH)_2 + OH^-$
$MnO_2 + H_2O + e^- \rightarrow MnOOH$

交換性に問題

オキシライド乾電池の問題は、ニッケル乾電池と同様、初期電圧が1.7Vと高いことにありました。このため機器の発熱や寿命の劣化などを引き起こし、使用禁止となる機器が現れました。

また低電流での持続時間は、アルカリ乾電池の方が長く、用途がデジカメ、ミニ四駆に限定されてしまいました。さらにデジカメの消費電力が下がってしまい、ミニ四駆の一部の大会では、オキシライド乾電池が禁止になるなど、活躍の場が少なくなっていきました。そして2008年の高性能のアルカリ乾電池の登場で、オキシライド乾電池は居場所を失っていき、2009年製造中止となりました。

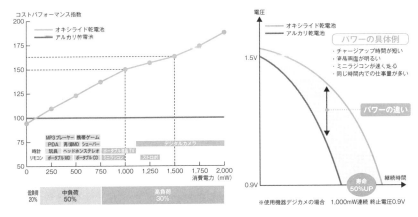

図2-38 パナソニック「オキシライド」オキシライド乾電池と2004年当時のアルカリ乾電池

出典：木地本昌弥『パナソニックの次世代乾電池「オキシライド乾電池」登場!!』
（URL：https://ad.impress.co.jp/tie-up/2004/panasonic_oxyride0404/index.htm）

図2-39 オキシライド乾電池の実証実験

	オキシライド乾電池	（当時の）アルカリ乾電池
ストロボ実証実験[1]	6秒61	10秒4
デジカメ実証実験[2]	315枚	144枚

※1）ストロボ200回連続発光してチャージ時間を比較
※2）デジタルカメラ使用時の撮影枚数比較

出典：木地本昌弥『パナソニックの次世代乾電池「オキシライド乾電池」登場!!』
（URL：https://ad.impress.co.jp/tie-up/2004/panasonic_oxyride0404/index.htm）、
PC Watch『松下、次世代乾電池「オキシライド乾電池」～アルカリ電池の約1.5倍の長寿命』
（URL：https://pc.watch.impress.co.jp/docs/2004/0128/pana.htm）をもとに著者が作成

Point

✎ オキシライド乾電池は、アルカリ乾電池の正極活物質がオキシ水素化ニッケルと二酸化マンガン、黒鉛の混合物に置き換わった構造である

✎ 高い初期電圧のため、オキシライド乾電池の用途はデジカメ、ミニ四駆に限定されるようになった

✎ 高性能のアルカリ乾電池の登場で、オキシライド乾電池は生産中止へと追い込まれた

》 水を使った電池

長期保存できる防災グッズ

　非常時の停電では、電池が大活躍しますから、普段から予備の電池を準備しておきたいものです。しかし「使用推奨期限」が過ぎた電池は、自己放電により、取り出せる電気の量が減少していきます。そこで防災グッズとして、東日本大震災が起こった2011年に登場したのが、長期保存が可能な水電池です。**単3形で、普通の乾電池に見えますが、未開封であれば20年も長期保存できます。**

　水電池の構造は、負極活物質にマグネシウム合金、正極活物質に活性炭や二酸化マンガンなどを中心とした粉体の発電物質を用います。この部分に注入口から付属のスポイトで水を注入すると、発電物質が水を吸収し、この水そのものが電解質となって放電が始まります（図2-40）。水電池のように、水を注入して使用する電池を、注水電池といいます。

　負極：$Mg \rightarrow Mg^{2+} + 2e^-$
　正極：$2H_2O + 2e^- \rightarrow H_2 + 2OH^-$

扱いやすい設計

　水電池は、水だけでなくジュースやビール、唾液でも発電可能です（図2-41）。1回の注水は0.5から1ml程度で、電池を休ませながら注水すると、3〜5回使うことができます。電池容量はマンガン乾電池と同じで、非常時にLED懐中電灯やAM/FMラジオといった低電流の製品に向いています。デジカメなど大電流の機器には適していません。

　未使用時の重量は100本で1.5キロと、一般的な電池（100本で2.3キロ）より軽量ですから、大量備蓄にも便利です。水銀などの**有害物質も含んでいないので、使用後は不燃物として処分できます。**

図2-40　水電池の使い方

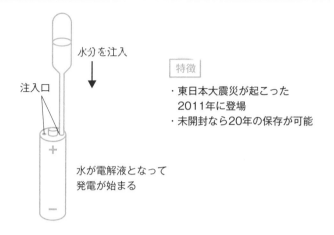

水分を注入

注入口

水が電解液となって
発電が始まる

特徴

・東日本大震災が起こった
2011年に登場
・未開封なら20年の保存が可能

図2-41　水電池の特徴

水以外の水分でも
発電が可能

有害物質を含んで
いないので地球に優しく、
不燃物として処分可能

非常用

備蓄用

長期保存が可能なので、
災害時も安心

Point

✐ 水電池の注入口から付属のスポイトで0.5〜1ml程度の水を注入すると、
発電物質が水を吸収し、水そのものが電解質となって放電が始まる

✐ 水電池は、一見すると普通の単3乾電池だが、未開封であれば20年長
期保存できる

✐ 水銀などの有害物質も含んでいない水電池は、使用後は不燃物として処
分できる

》 海水を使った電池

海水を注入すると電池に

海水を注入または浸すことで、放電する電池を海水電池といいます。マグネシウム注水電池は、その正極活物質によって数種類ありますが、そのほとんどが海水電池です（図2-42）。その構造には、負極活物質にマグネシウムまたはマグネシウム合金が用いられています。主なマグネシウム注水電池の正極活物質は、それぞれ塩化銀、塩化鉛、塩化第一銅、過硫酸カリウム、海水中に含まれる溶存酵素となります。この中で正極活物質に塩化第一銅を用いた塩化銅注水電池のみ、水を注水して放電させる水電池です。

マグネシウム注水電池は、電解液の入っていない乾燥した状態で保存されており、**使用時に海水を注入または浸すことで、海水そのものを電解質とします**。次のように、両極は酸化還元反応を示し、短時間で高い電圧となります。

負極：$Mg \rightarrow Mg^{2+} + 2e^-$
正極：$2H_2O + 2e^- \rightarrow H_2 + 2OH^-$

海で大活躍

海水を注入するという特徴から、マグネシウム注水電池は、海上または海中において小電流の機器を長時間使用する際に活躍します。具体的には、海上救命灯具、海洋観測器、海上標識灯、浮標灯、漁業用魚灯、電雷、ソノブイなどで使われています（図2-43）。船舶が浸水したときに、自動的に信号を発信する緊急信号発信装置の電源としても使用されています。

図2-42　**マグネシウム注水電池の種類**

	塩化銀 海水電池	塩化鉛 海水電池	塩化銅 注水電池	過硫酸カリウム 海水電池	溶存酸素海水 電池
正極活物質	塩化銀	塩化鉛	塩化銅	過硫酸カリウム	酸素
負極活物質	マグネシウムまたはマグネシウム合金				
開路電圧/V	1.6	1.2	1.5	2.4	1.34
動作電圧/V	1.1〜1.5	0.9〜1.05	1.2〜1.4	1.6〜2.0	1.0〜3.0
電解液	海水	海水	水	海水	海水
放電時間	数分〜100h	1〜20h	0.5〜10h	10〜100h	3000〜 10000h

出典：板子一隆、工藤嗣友『これだけ！　電池』（秀和システム、2015年）p.65

図2-43　**マグネシウム注水電池の用途イメージ**

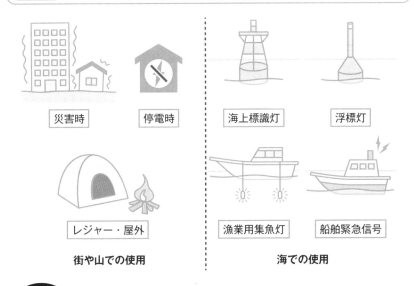

| 災害時 | 停電時 | 海上標識灯 | 浮標灯 |
| レジャー・屋外 | | 漁業用集魚灯 | 船舶緊急信号 |

街や山での使用　　　**海での使用**

Point

- マグネシウム注水電池には数種類あり、ほとんどが海水を利用する電池で、これらは海水電池と呼ばれる
- 正極活物質に塩化第一銅を用いた塩化銅注水電池は、水を注水して放電させるので水電池となる
- 海水を注入するという特徴から、マグネシウム注水電池は、海上救命灯具、海洋観測器などの海上・海中において使用する機器に用いられる

長期保存できる電池

セパレータで長期保存できる構造

使用推奨期限の過ぎた電池は、自己放電を起こし、時間の経過とともに取り出せる電気の量が減少していきます。そこで自己放電を防ぐために、**電池の内部で活物質と電解質が接触しないようにセパレータで分離して、電流が流れない状態にしておくと、長期保存が可能**となります。このように電池内部の正極と負極が、電気的に絶縁状態になるよう設計された電池を、リザーブ電池といいます。水電池（**2-19**）や海水電池（**2-20**）もリザーブ電池の一種です（図2-44）。

他にもガス発生スイッチで電解液を注入する酸化銀−亜鉛電池、外部からの衝撃と高速回転を加えることで電池内部を接触させる回転依存型リザーブ電池があります。また宇宙や航空分野で使用されている溶融塩電池もリザーブ電池です。

電解質を加熱して使う電池

熱を電気に変える電起電力電池（熱電池、**6-6**）とは異なりますが、溶融塩電池も熱を利用することから、熱電池とも呼ばれます。

溶融塩電池とは、使用時に電池内部の発熱剤から得られた熱で、電解質を溶かすことで、大きな電流を流すことができる電池です。**自己放電がほとんどない設計なので、未使用で約20年以上保存が可能**です。また**氷点下の低温から80度程度の高温まで、広い温度範囲で使用でき、しかも耐振性・耐衝撃性が高い**という特徴があります。

負極活物質にリチウム合金、正極活物質に二硫化鉄、電解質には塩化カリウムと塩化リチウムの溶融塩が使用されています（図2-45）。点火器に電流を流すと発熱剤が発火し、電池内部が発熱します。この熱によって電解質が溶け、両極の化学反応が進み、電流が流れます。溶融塩一次電池は、ロケットの打ち上げ用電源、航空機の緊急脱出用、航空・水中用の緊急電源など、高い信頼性と大きな電流が要求される分野で活躍しています。

図2-44 リザーブ電池の種類のまとめ

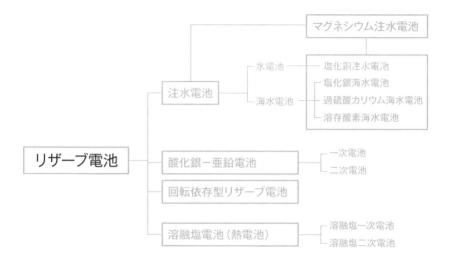

図2-45 溶融塩一次電池の構造の略図

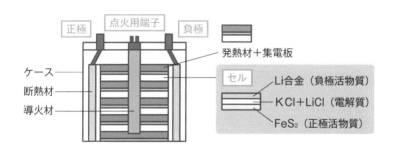

Point

- 電池内部の正極と負極が、電気的に絶縁状態になるよう設計されており、未使用で長期間保存できる電池を、リザーブ電池と呼ぶ
- リザーブ電池には、水電池、マグネシウム注水電池、酸化銀-亜鉛電池、回転依存型リザーブ電池、溶融塩電池がある
- 溶融塩一次電池は、電池内部で発生させた熱で、電解質を溶かし、両極の化学反応を進行させることで、大きな電流を流すことができる

やってみよう

レモン電池を作ってみよう

　レモンなどの酸味のある果物を電解質にみたてて、銅と亜鉛の2種類の金属を差し込むと、ボルタ電池（**1-6**）と同じ構造です。電解質はレモンだけでなくオレンジやグレープフルーツなどの柑橘系の果物、他の果物や野菜でも試してみましょう。どのようなものだと、電解質にできるのかがわかります。

　金属を差し込んだ果物や野菜には、電気を通したときに金属が溶け出しているので、食べないでください。

用意するもの

・レモン（オレンジ、グレープフルーツなど柑橘系の果物）
・亜鉛板
・銅板
・実験用小型発光ダイオード（または実験用電子オルゴール）
・リード線

やり方

❶レモンを半分にカットして、亜鉛板と銅板をしっかり奥まで差し込みます。銅板と亜鉛板は、ホームセンターで購入して、適当な大きさにカットしたものを使います。

❷発光ダイオードの負極を亜鉛板、正極を銅板につないでみて、発光ダイオードが点灯するか確認してみましょう。点灯しない場合は、レモンの数を増やしてみてください。

❸他の果物や野菜でも同じことをやって、明るさの違いなど確認してみましょう。また、もし電圧測定器などがあれば、電圧を測定してみましょう。

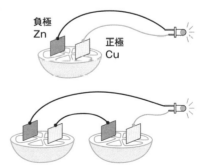

第3章

繰り返し使える電池

〜社会を支える二次電池（蓄電池）〜

≫ 電気を蓄える電池

充電して再利用

二次電池（蓄電池）の基本構造は、一次電池と同様に正負の電極と電解質であり、電池の酸化還元反応を利用して（**2-1**）電気を取り出す（放電）というものです。一次電池は放電すると使用できなくなりますが、二次電池は何度か充電をして、繰り返し使える便利な電池なのです。

外部電源で電子を強制的に元の状態へ

二次電池の放電では、一次電池と同様に負極活物質は酸化反応により電子を放出するので、酸化されます。正極活物質は、還元反応により電子が吸収されるため、還元されます（図3-1）。

一方の充電では「外部からの強制的な力」である外部電源によって、負極活物質に電子が押し込められます。その結果、負極活物質は還元され、元の状態に戻ります。正極活物質からは外部電源により、電子が引き抜かれ、酸化反応により、元の状態に戻ります。このように充電では、放電とは全く逆の反応が起こっています。

外部電源を蓄えることが可能

二次電池を充電するためには、外部電源の正極端子を二次電池の正極に、負極端子を負極につなぎます。すると**放電時に回路を流れる電流の向きとは逆方向に、電流が流れる**ことになります。

ちなみに二次電池が発明された19世紀初頭は、現在のように電源コンセントからの外部電源などはありませんから、二次電池を充電するのにダニエル電池などを使っていました。そのため充電するときに使う電池を一次電池、充電される電池は二次電池と呼ばれるようになりました。

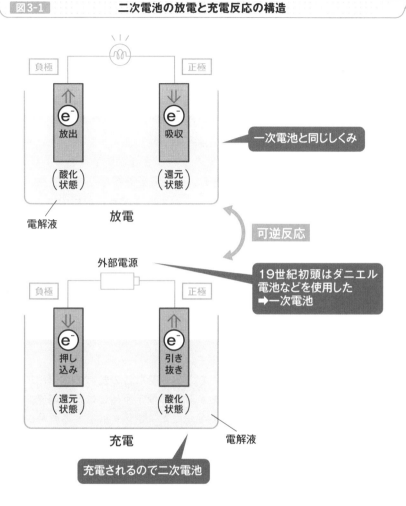

図3-1　二次電池の放電と充電反応の構造

一次電池と同じしくみ

可逆反応

19世紀初頭はダニエル電池などを使用した
➡一次電池

充電されるので二次電池

Point

✎ 一次および二次電池の基本構造は同じだが、一次電池は放電しかできず、二次電池は放電と充電を繰り返し行えるという違いがある

✎ 放電では、負極で酸化反応、正極で還元反応が起こり、充電では全く逆の、負極で還元反応、正極で酸化反応が起こっている

✎ 外部電源の正極端子を二次電池の正極に、負極端子を負極につなぐと放電時に回路を流れる電流の向きとは逆方向に電流が流れる

》 二次電池を分類する

使用用途による分類

　図3-2のように、二次電池の種類は多岐に渡ります。二次電池を使用する用途によって分類してみると、その多彩な活躍ぶりがわかるでしょう。具体的には、PCやスマホ、携帯型モバイル電子機器などの民生用、電気自動車などの車載用、家庭や施設などに据え置きする定置用の大きく3つに分かれます（図3-3）。

　民生用の電池にはニッケル・カドミウム電池（**3-7**）、ニッケル水素電池（**3-13**）、そしてリチウムイオン電池（第4章）など、日常生活でよく見かけるものが多く含まれます。

　車載用には、従来のガソリン車に搭載されているバッテリーと呼ばれる鉛蓄電池（**3-3**）があります。次世代の車であるハイブリッド車には、ニッケル水素電池、電気自動車にはリチウムイオン電池と、実はPCやスマホと同じ種類の電池が使われています。

　また家庭や病院、商業施設などにも、非常時などのために定置用のリチウムイオン電池などが使われています。その他定置用には、太陽光発電や風力発電所などで、再生可能エネルギーによる電気を貯蔵するための大型二次電池として、NAS電池（**3-16**）やレドックスフロー電池（**3-19**）などがあります。

民生用の二次電池の分類

　民生用の電池をさらに分類すると、アルカリ性の電解液とニッケル系の電極を用いたアルカリ系、リチウムイオンを用いたリチウム系とに分かれます（図3-4）。

　アルカリ系二次電池は、メモリー効果（**3-5**）が起きますが、リチウムイオン系には起きないという違いがあります。

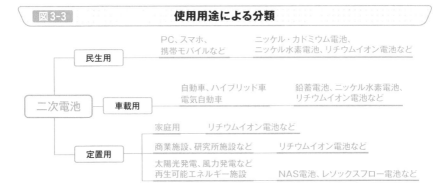

図3-2 二次電池の種類のまとめ

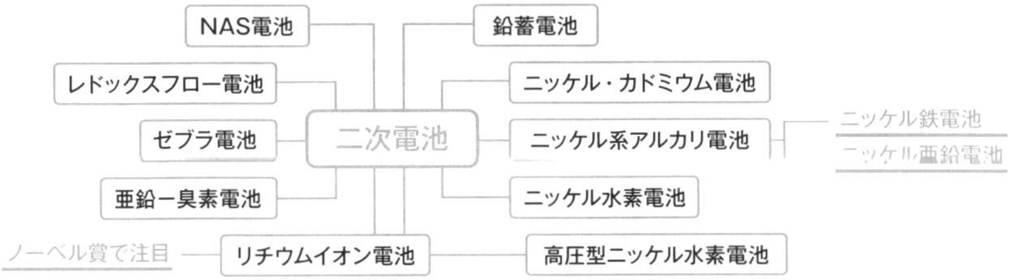

- NAS電池
- レドックスフロー電池
- ゼブラ電池
- 亜鉛ー臭素電池
- ノーベル賞で注目 — リチウムイオン電池

二次電池

- 鉛蓄電池
- ニッケル・カドミウム電池
- ニッケル系アルカリ電池 — ニッケル鉄電池 / ニッケル亜鉛電池
- ニッケル水素電池
- 高圧型ニッケル水素電池

図3-3 使用用途による分類

二次電池

- 民生用 — PC、スマホ、携帯モバイルなど / ニッケル・カドミウム電池、ニッケル水素電池、リチウムイオン電池など
- 車載用 — 自動車、ハイブリッド車、電気自動車 / 鉛蓄電池、ニッケル水素電池、リチウムイオン電池など
- 定置用
  - 家庭用 — リチウムイオン電池など
  - 商業施設、研究所施設など — リチウムイオン電池など
  - 太陽光発電、風力発電など 再生可能エネルギー施設 — NAS電池、レソックスフロー電池など

図3-4 民生用の二次電池の分類

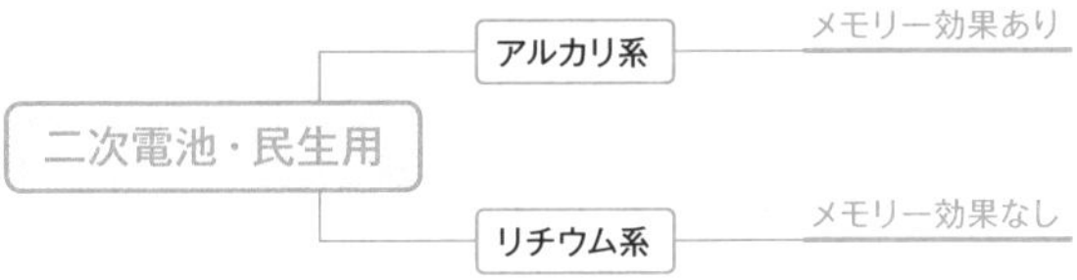

二次電池・民生用

- アルカリ系 — メモリー効果あり
- リチウム系 — メモリー効果なし

Point

- 二次電池は、使用用途によってPCやスマホなどの民生用、電気自動車などの車載用、施設などに据え置きする定置用に分類できる
- 定置用には、家庭や病院・商業施設などで非常時用などのためと、太陽光発電や風力発電など再生可能エネルギーによる電気を貯蔵するためのものがある
- 民生用の電池は、アルカリ性の電解液とニッケル系の電極を用いたアルカリ系、リチウムイオンを用いたリチウム系とに分類できる

最も歴史を持つ二次電池

車の「バッテリー」は世界初の二次電池

　世界初の二次電池は、1859年にレイモンド・ガストン・プランテ（仏）が発明した鉛蓄電池（プランテ電池）です。これは乾電池が登場する約30年前に発明され、なんと160年以上たった現在でも、改良されたものが自動車のバッテリーや産業用機器の動力源などで使われ続けています。プランテは2本の鉛板の間に絶縁用のゴムのテープをはさみ込み、それを円筒状にしたものを硫酸水に浸し、充放電を繰り返していくうちに、鉛と二酸化鉛の電極を持つ電池を完成させました（図3-5）。

＋4価の鉛イオンは＋2価で安定

　現在の鉛蓄電池の反応の構造は、負極活物質に鉛、正極活物質に二酸化鉛、電解質に硫酸、セパレータからなります（図3-6）。この電池は、**二酸化鉛を構成する+4価の鉛イオンが+2価で安定するという性質を利用したもの**です。電池が放電すると、負極では負極活物質の鉛が溶け出して+2価の鉛イオンになり、電子が放出されて酸化反応が起こります。鉛イオンは、電解質の硫酸イオンと結びついて硫酸鉛として析出します。

　正極では、移動してきた電子を吸収し、+4価から+2価への還元反応により、硫酸鉛が析出します。

負極：$Pb + SO_4^{2-} \rightarrow PbSO_4 + 2e^-$
正極：$PbO_2 + 4H^+ + 2e^- + SO_4^{2-} \rightarrow PbSO_4 + 2H_2O$
放電反応全体：$Pb + PbO_2 + 2H_2SO_4 \rightarrow 2PbSO_4 + 2H_2O$

　これより放電し続けていくと、水が生じ、硫酸イオンが減少するので、電解質の硫酸の濃度が下がり、電池の寿命が短くなります。この状態を超えて、さらに放電させることを過放電といいます。

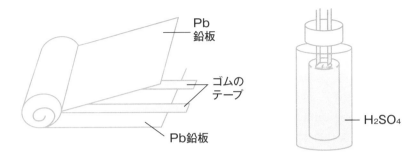

図3-5　プランテの鉛蓄電池の原理図

Pb
鉛板

ゴムの
テープ

Pb鉛板

H₂SO₄

図3-6　鉛蓄電池の放電反応の構造

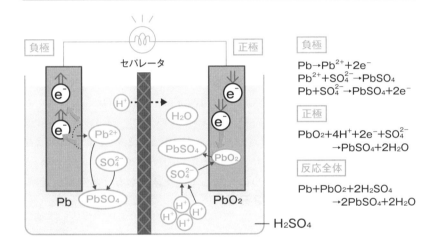

負極

セパレータ

正極

Pb　PbSO₄

H₂O

PbSO₄　PbO₂

SO₄²⁻

PbO₂

H₂SO₄

負極

$Pb \rightarrow Pb^{2+} + 2e^-$
$Pb^{2+} + SO_4^{2-} \rightarrow PbSO_4$
$Pb + SO_4^{2-} \rightarrow PbSO_4 + 2e^-$

正極

$PbO_2 + 4H^+ + 2e^- + SO_4^{2-}$
$\qquad \rightarrow PbSO_4 + 2H_2O$

反応全体

$Pb + PbO_2 + 2H_2SO_4$
$\qquad \rightarrow 2PbSO_4 + 2H_2O$

Point

- 1859年にプランテ（仏）によって発明された鉛蓄電池を改良したものが、現在でも自動車の「バッテリー」や産業用機器の動力源などで使われている
- 鉛蓄電池は、負極活物質に鉛、正極活物質に二酸化鉛が用いられ、+4価の鉛イオンは+2価で安定することから、放電すると負極・正極ともに硫酸鉛が析出する
- 鉛蓄電池を放電し続けていくと、電池の寿命が短くなる。この状態を超えて、さらに放電させることを過放電という

充電可能な電池が 永遠に使えない理由

充電により放電前の状態に戻る

鉛蓄電池を外部電源に接続して充電すると、放電時とは逆の反応が起こります。つまり負極では還元反応が起こり、硫酸鉛が電子を得て鉛に戻り、硫酸イオンを電解質中に放出します（図3-7）。正極では酸化反応が起こり、硫酸鉛が電子を放出して電解質中の水と反応して二酸化鉛に戻り、水素イオンと硫酸イオンを放出します。これら反応を合わせると、充電反応全体としては次のようになります。

負極：$PbSO_4 + 2e^- \rightarrow Pb + SO_4^{2-}$
正極：　$PbSO_4 + 2H_2O \rightarrow PbO_2 + 4H^+ + SO_4^{2-} + 2e^-$
充電反応全体：$2PbSO_4 + 2H_2O \rightarrow Pb + PbO_2 + 2H_2SO_4$

充電によって、放電時に増えた水は減り、減った硫酸イオンは増えて、鉛蓄電池は放電前の状態に戻ります。またこの反応式より、充電が進んでいくと硫酸鉛がなくなり、さらに充電して過充電になると水を電気分解してしまうこともわかります（**3-6**）。

「バッテリーが上がる」鉛蓄電池の劣化原因

充電により放電前と同じ状態に戻った鉛蓄電池を見ると、永遠に使い続けることが可能かのように思われるかもしれません。しかし実際には、電極が放電時に形成された硫酸鉛の白く固い結晶に覆われてしまう、サルフェーション現象が起こります（図3-8）。析出したばかりの硫酸鉛はやわらかく、充電すると化学反応を起こして、負極は鉛、正極は二酸化鉛に戻ります。ところがこの硫酸鉛を長時間放置したり、過放電したりすると、結晶化して固くなり、化学反応は起こらなくなります。つまり電極に電流が流れずに充電できなくなり、「バッテリーが上がる」劣化状態になっているのです。

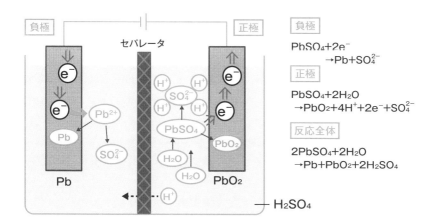

図3-7　鉛蓄電池の充電反応の構造

負極

セパレータ

正極

e^-

e^-

Pb^{2+}

Pb

SO_4^{2-}

H^+　H^+

SO_4^{2-}

H^+　H^+

e^-

$PbSO_4$

PbO_2

H_2O

H_2O

H^+

Pb

PbO_2

H_2SO_4

負極

$PbSO_4+2e^-$
　　　$\rightarrow Pb+SO_4^{2-}$

正極

$PbSO_4+2H_2O$
　$\rightarrow PbO_2+4H^++2e^-+SO_4^{2-}$

反応全体

$2PbSO_4+2H_2O$
　$\rightarrow Pb+PbO_2+2H_2SO_4$

図3-8　サルフェーション現象のイメージ

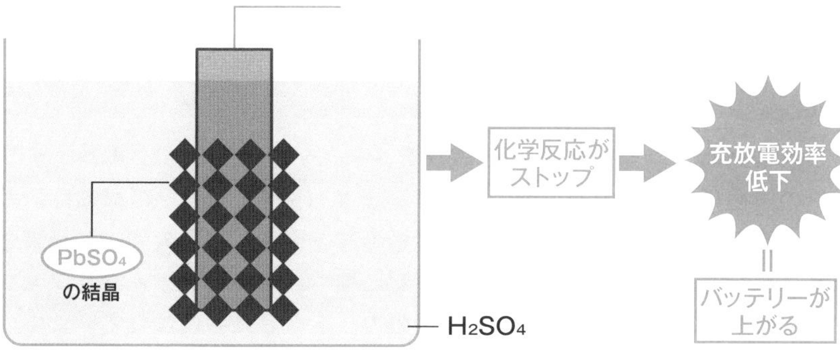

$PbSO_4$
の結晶

H_2SO_4

化学反応が
ストップ

充放電効率
低下

＝

バッテリーが
上がる

Point

- 充電した鉛蓄電池では、放電とは逆の化学反応が起こり、正極には二酸化鉛が、負極には鉛が戻り、放電する前の状態に戻る
- 鉛蓄電池の劣化の最大の原因は、放電のときに析出して電極に付着した硫酸鉛の結晶化である。この現象をサルフェーション現象と呼ぶ
- 長時間の放置や過放電によって、電極に電流が流れなくなって充電できなくなることで電池として劣化した「バッテリーが上がる」状態になる

≫ バッテリーの種類

大きな電流を流す鉛蓄電池

　鉛蓄電池は、使用目的によって電極板の内部構造が異なり、電池の用途によって使い分けられています。その1つが、自動車用に最も用いられているペースト式（エンジン始動用バッテリー、スターターバッテリー）で、車のエンジンを始動させるなど、**瞬時に大きな電気を流す**目的に使われます（図3-9）。

　その構造は、鉛や鉛合金で作った電極で格子状の骨組みを作り、そこに鉛粉末など活物質をペースト状に塗りつけたものです。格子状の骨組みは集電体の役割をし、活物質は電解液に触れる表面積が大きいため、一度に大きな反応を起こし、大きな電気を流すことが可能なのです。ペースト式の電極版は、正極および負極で用いられています。

ずっと電流を流し続ける鉛蓄電池

　これに対してクラッド式（EBバッテリー、ディープサイクルバッテリー）の電極は、正極のみで用いられています（図3-10）。その構造は、ガラス繊維製のチューブに集電体の鉛合金の芯を通して、その間に活物質を詰め込んだものになります。振動や衝撃に強く、工場のフォークリフトや非常用のバックアップ電源、ゴルフ場のカートなどにも使われています。

鉛蓄電池が長く使われている理由

　鉛蓄電池が長く使われている理由の1つに、電極に使われている鉛が安価であることにあります。その他メンテナンスが簡単で、メモリー効果（3-9）がないことも大きな理由です。このメモリー効果とは、**電池の容量が残っている状態で、継ぎ足し充電を繰り返していると、いくら充電しても放電中に電圧が減少してしまう**現象のことです。

| 図3-9 | ペースト式の電極 |

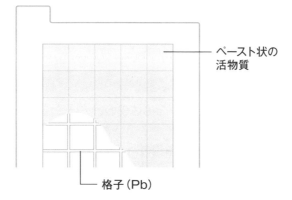

ペースト状の
活物質

格子（Pb）

| 図3-10 | クラッド式の電極 |

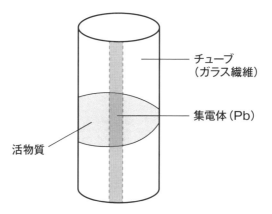

チューブ
（ガラス繊維）

集電体（Pb）

活物質

Point

- 車のエンジンなど、瞬時に大きな電気を流すときに使われているのが、ペースト式の電極で、正極および負極で使われている
- 正極のみで使用されるクラッド式の電極は、振動や衝撃に強いことから、工場のフォークリフトや非常用のバックアップ電源などにも使われる
- 電池の容量が残っている状態で、継ぎ足し充電を繰り返していると、いくら充電しても放電中に電圧が減少してしまう現象をメモリー効果という

≫ バッテリーの構造

バッテリーとセル

　一般的な自動車用のバッテリーとして使われている鉛蓄電池は、セルと呼ばれる単電池が組み合わされてできています（図3-11）。セル1個の公称電圧は約2.1Vで、通常の自動車用のバッテリーは、電圧12Vまたは24Vのため、合成樹脂製の電槽の中で6個または12個のセルを直列に接続して使います。

充電による危険を回避

　鉛蓄電池では、充電が進んで硫酸鉛がなくなり、それ以上充電すると（過充電）水が電気分解され（**3-4**）、負極から水素ガス、正極から酸素ガスが発生します。電池内部でガスが発生すると、液漏れや破裂、爆発などの危険があり、それを防ぐための構造上の対策には、主なものとして2種類あります。1つは自動車用バッテリーに多く採用されているのが、ベント型（開放型）と呼ばれるものです（図3-12、図3-13）。この方法では、**空気孔からガスを逃がすため水が減っていくので、定期的な補水が必要**です。

さらに進化した構造のバッテリー

　もう1つの制御式（密閉型、シール型）は、**発生した水素ガスと酸素ガスを電池内部で反応させて水に戻す、安全な設計**になっています。それでも想定外の圧力が生じた場合、ガスを逃がすための制御弁が設けられています。

　この制御式の鉛蓄電池は、セパレータにガラス繊維が用いられ、この繊維が電解質の硫酸を保持する構造になっているので、振動や横倒しによる液漏れの心配がありません。補水の必要もなく、保持が簡単です。

　そのためメンテナンスバッテリー、ドライバッテリーとも呼ばれ、UPS電源、ポータブル電源、オートバイ、自動車などに使用されています。

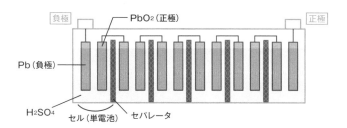

図3-11 鉛蓄電池のセル構成

図3-12 ベント型（開放型）

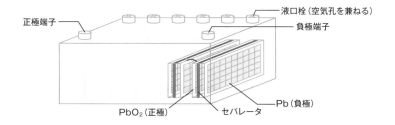

図3-13 ベント型（開放型）と制御式（密閉型、シール型）の外観イメージ

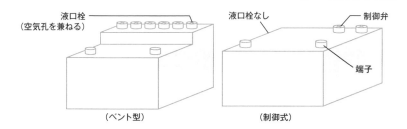

Point

- 鉛蓄電池は、セルと呼ばれる公称電圧約2.1V単電池が6個または12個組み合わされ、電圧12Vまたは24Vにして使っている
- ベント型（開放型）の鉛蓄電池は、過充電により発生したガスを、空気孔から放出する。水が減少していくので定期的な水の注入が必要である
- 制御式（密閉型、シール型）の鉛蓄電池は、発生した水素ガスと酸素ガスを電池内部で反応させて水に戻す設計のため、振動や横倒しによる液漏れの心配もなく、メンテナンスフリーである

第**3**章

バッテリーの構造

》かつて小型家電で 大活躍した電池

80年代の充電できる電池の代表

　鉛蓄電池の登場した40年後の1899年、エルンスト・ウォルデマール・ユングナー（スウェーデン）によってニッケル・カドミウム電池（ニカド電池、ニッカド電池、アルカリ蓄電池）が発明されました。このニカド電池には、有害なカドミウムが含まれていますが、**鉛蓄電池と比べてエネルギー密度が高く、過放電に強く、放電末期まで公称電圧1.2Vをほぼ維持**します。また長時間放置しても性能低下が少ないという利点があります。

　日本では60年代に発売後、特に円筒形の小型タイプが数多く普及し、80年代に発売されたウォークマンなどの携帯オーディオ、電動工具やシェーバー、非常用の照明電源などにも使われていました。開発当初は、宇宙から始まり、人工衛星に長い間、搭載されていました。しかし近年では、ニカド電池の代わりに、より性能のよいニッケル水素電池やリチウムイオン電池に置き換わっています。

ニカド電池の反応

　ニカド電池は放電時、負極活物質のカドミウムが酸化されて水酸化カドミウムになり、正極活物質のオキシ水酸化ニッケルが水酸化ニッケルに還元されます。電解質はアルカリ性の水酸化カリウムです。

　図3-14に、負極、正極および反応全体の電池の放電・充電反応を記します。なお、ここで右向きの矢印が放電、左向きの矢印が充電を表します。

　これによりニカド電池の正極では鉛蓄電池のように、活物質の溶解や析出の反応が起こらず、活物質に負担をかけないことがわかります。

　また放電時には水が消費されて電解質の濃度が高まり、逆に充電時には水が生成されて電解質の濃度が薄まることがわかります。

図3-14　**ニカド電池の電池反応の構造**

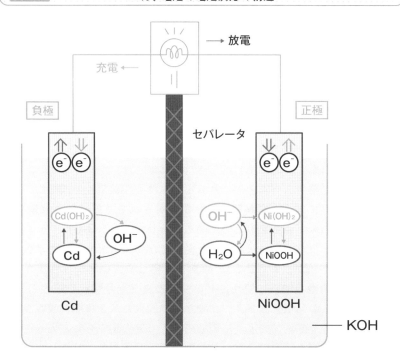

負極	$Cd + 2OH^- \rightleftarrows Cd(OH)_2 + 2e^-$
正極	$NiOOH + H_2O + e^- \rightleftarrows Ni(OH)_2 + OH^-$
反応全体	$Cd + 2NiOOH + 2H_2O \rightleftarrows Cd(OH)_2 + 2Ni(OH)_2$

Point

- ニカド電池には、エネルギー密度が高く、過放電に強く、放電末期まで電圧がほぼ一定を保ち、長時間放置しても性能低下が少ないという利点がある
- 携帯オーディオ、電動工具やシェーバー、非常用の照明電源などに使われていたが、現在はニッケル水素電池やリチウムイオン電池に置き換わっている
- 鉛蓄電池のように、正極で活物質の溶解や析出の反応が起こらず、活物質に負担をかけない

3-8

≫ 電池にカドミウムが使われ続けていたのはなぜか?

ガスの発生をおさえるカドミウム

ニカド電池には、1960年代にイタイイタイ病という公害問題を引き起こした、人体に有害なカドミウムが含まれています（図3-15）。それでもカドミウムがニカド電池に使われてきたのには、理由があります。

ユングナーが発明した当初のニカド電池では、鉛蓄電池と同様に、充電末期から過充電になると電解質中の水が分解されて、負極から水素ガス、正極から酸素ガスが発生するという問題がありました（**3-6**）。

しかしカドミウムは、一次電池の乾電池にかつて含まれていた水銀と同じく、水素過電圧が高く（**2-5**）、酸素と反応しやすいという性質があります。そこで負極活物質に使うカドミウムの量を十分取っておくことで、負極の水素ガスの発生をおさえ、正極からの酸素ガスを負極で吸収させることができるのです。このように電池内部でガスの生成をおさえることができるので、**液漏れ問題の少ない密閉型の形成が可能となりました。**

使い勝手のよい電池構造

現在のニカド電池は、一部のリチウム一次電池と同じく、電解質を含んだセパレータをはさんで正極板と負極板をロール状または積層にしたスパイラル構造（**2-12**）になっています（図3-16）。これらは鉄缶に詰められて、さらに外側は外装ラベルや絶縁チューブで覆われた密閉型です。また正極端子からの酸素ガスが発生した場合に備えて、ガスを逃がすための排出弁が取り付けられています。

このような構造により、ニカド電池は、丈夫で振動や衝撃に強く、大きな電気の充放電が可能となりました。また低温でも電圧の降下が小さいという優れたものになり、ニカド電池は広く普及していったのでした。

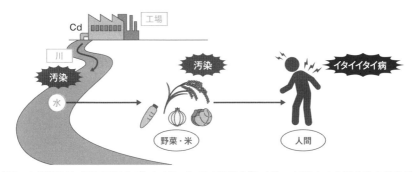

図3-15　カドミウムの汚染拡大の図

EUへの輸出品目（電子部品など）に対して、RoHS指令※により、カドミウムの最大許容濃度が0.01％（100ppm）と他の元素よりも厳しい基準で認定されている

※通信機器や家電製品に有害な化学物質を禁止する法令

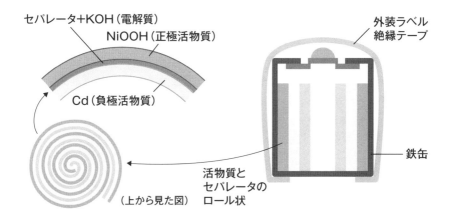

図3-16　ニカド電池の構造

Point

- ニカド電池には、1960年代に公害問題を引き起こした、人体に有害なカドミウムが含まれている
- ニカド電池は、カドミウムによってガスの発生がおさえられるため、液漏れなど問題の少ない密閉型の構造が可能となった
- 現在のニカド電池はスパイラル構造になり、より大きな電気の充放電が可能で、丈夫で衝撃に強く、使い勝手がよい

» 放電させてから充電しないことで起こる勘違い

充電するときの注意

　一世を風靡したウォークマンなど、携帯オーディオのニカド電池には、「充電する場合、少しだけ使ってすぐに充電するのではなく、完全に放電させてから充電するように」といった注意書きがされていたものです。なぜなら、このような継ぎ足し充電を繰り返すと、ニカド電池は不思議な現象を起こすからです。

　ニカド電池は、放電を中止したところ（使い切らずに充電したところ）を、まるで自分の容量だと記憶してしまったかのような現象を起こすのです。そのため**本来の容量に比べて、少ない容量までしか充放電できない**状態になってしまい、放電を中止した付近で電圧が低下してしまうのです。これをメモリー効果（**3-5**）といいます（図3-17）。

　この現象はニッケル水素電池（**3-13**）にも起こりますが、特にニカド電池で顕著に起こります。メモリー効果を起こさないためには「完全に放電させてから充電する」リフレッシュが必要となります。一方、同じ二次電池でも、鉛蓄電池やリチウムイオン電池（第4章）では起こらないので、最近のスマートフォンなどの充電では気を使う必要がなくなりました。

かつての人気者の現在

　ニカド電池には自己放電が大きく、自己放電率1日1%と二次電池の中でも劣化が大きいという短所があり、しばらく放置して使うときには注意が必要です。何よりカドミウムを含んでいるため、環境負荷がかかることも否めません。

　こうした理由から1994年に約8.6億個の販売をピークに、ニカド電池は、ニッケル水素電池やリチウムイオン電池に置き換わっていきました（図3-18）。すでにEU欧州連合ではカドミウムの問題で製造禁止となっています。日本では製造は続いていますが、あまり見かけなくなりました。

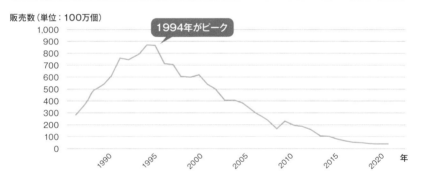

図3-17 メモリー効果

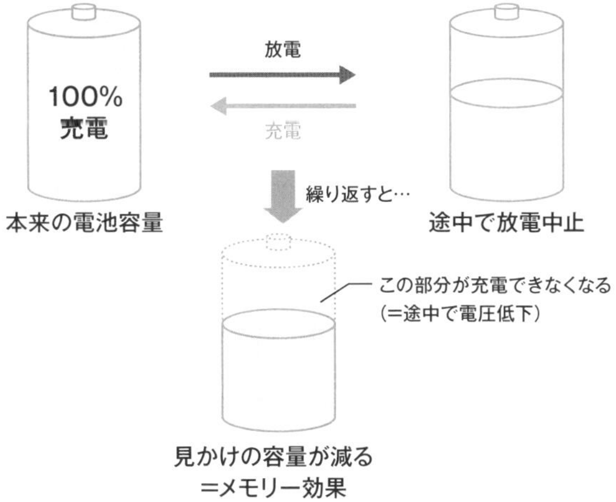

100%
充電
放電
充電
繰り返すと…
本来の電池容量
途中で放電中止
この部分が充電できなくなる
(=途中で電圧低下)
見かけの容量が減る
=メモリー効果

図3-18 ニカド電池を含むアルカリ蓄電池の販売数の推移

販売数(単位:100万個)
1994年がピーク
1,000
900
800
700
600
500
400
300
200
100
0
1990
1995
2000
2005
2010
2015
2020
年

出典:一般社団法人電池工業会『二次電池販売数量長期推移』
(URL:https://www.baj.or.jp/statistics/mechanical/06.html)をもとに著者が作成

Point

- ニカド電池は、使い切らずに充電を繰り返すと、電池の容量が減少したかのように見えるメモリー効果を起こす。これを防止するには、完全に使い切ってから充電させる、リフレッシュを行う必要がある
- カドミウムの問題でニカド電池は、EU欧州連合ではすでに製造禁止されている。製造が続く日本でも、ニッケル水素電池やリチウムイオン電池に置き換わってきて、見かけなくなっている

≫ エジソンが発明した電池

発明王が電気自動車のために開発

ニカド電池の登場の後、有害なカドミウムを使用しない二次電池を発明したのが、発明王トーマス・アルバ・エジソン（米）でした。エジソンは電気自動車用の電源として、1900年にニッケル鉄電池（エジソン電池）の特許を取得、1903年に電気自動車を発明しました（図3-19）。しかしフォードが1908年に商品化したT型自動車のガソリンコストの方が電気代よりも安く、エジソンの電気自動車は広く普及することがありませんでした。

カドミウムを鉄で代用

ニッケル鉄電池の反応構造は、負極活物質に鉄、正極活物質にオキシ水酸化ニッケル、電解質に水酸化カリウムを用います（図3-20）。

放電時には、負極で鉄と水酸化カリウムが反応して、水酸化第二鉄が電極に析出します。正極では、オキシ水酸化ニッケルが電子を得て、水と反応して水酸化ニッケルとなり、水酸化物イオンができます。充電時には、これらは逆の反応を起こします。よって両極の電池反応と電池反応全体は次のようになります。

負極：$Fe + 2OH^- \rightleftarrows Fe(OH)_2 + 2e^-$
正極：$NiOOH + H_2O + e^- \rightleftarrows Ni(OH)_2 + OH^-$
反応全体：$Fe + 2NiOOH + 2H_2O \rightleftarrows Fe(OH)_2 + 2Ni(OH)_2$

また鉛蓄電池と同様、充電末期や過放電で、負極から水素ガス、正極から酸素ガスが発生します。ニッケル鉄電池には、**安価で物理的な耐久性に優れていて、電池の寿命も長い**という利点があり、産業用運搬車両や鉄道車両、バックアップ電源などで使われました。また80年代、日本で初期の電気自動車で採用されましたが、自己放電や水素ガスの発生などの課題がありました。

図3-19   エジソンのニッケル鉄電池を搭載した電気自動車

図3-20   ニッケル鉄電池反応の構造

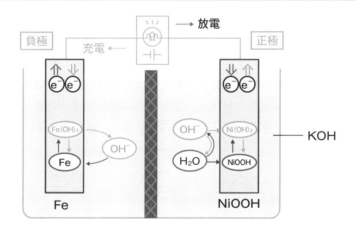

Point

- エジソンは電気自動車を発明したが、ガソリン自動車の方がコストが安く、当時は電気自動車は普及しなかった
- 電気自動車の電源としてエジソンが特許を取得したのが、人体に有害なカドミウムを含まないニッケル鉄電池である
- ニッケル鉄電池は、安価で耐久性に優れ、寿命も長いという利点があるが、自己放電やガスの発生など課題も多い

》 再び注目したい二次電池

歴史に埋もれた二次電池

ニカド電池（**3-7**）やニッケル鉄電池（**3-10**）のようにアルカリ性の電解質にニッケルを用いた二次電池を、アルカリ系二次電池（ニッケル系アルカリ蓄電池、アルカリ蓄電池）と呼びます。アルカリ系二次電池は多くの種類の組み合わせが研究されてきた歴史があり、その1つにニッケル亜鉛電池があります（図3-21）。この電池は、19世紀末から20世紀にかけて、すでに基本的な組み合わせが発明されており、1901年にエジソンが特許を取得しました。

カドミウムを亜鉛で代用

ニッケル亜鉛電池の反応の構造は、負極活物質に亜鉛、正極活物質にオキシ水酸化ニッケル、電解質に水酸化カリウムを用います（図3-22）。

放電時、負極では亜鉛が酸化されて水酸化亜鉛になり、正極ではオキシ水酸化ニッケルが水酸化ニッケルに還元されます。充電時には逆の反応が起こりますから、両極の電池反応と電池反応全体は次のようになります。

負極：$Zn + 2OH^- \rightleftarrows Zn(OH)_2 + 2e^-$
正極：$NiOOH + H_2O + e^- \rightleftarrows Ni(OH)_2 + OH^-$
反応全体：$Zn + 2NiOOH + 2H_2O \rightleftarrows Zn(OH)_2 + 2Ni(OH)_2$

ニッケル亜鉛電池は、有毒なカドミウムではなく、安価で手に入りやすい亜鉛を使用しています。公称電圧も1.6Vとアルカリ系二次電池の中でも高く、エネルギー密度が高いという利点があります。また**可燃性の有機溶剤を使わないため安全性が高く、設置場所を選びません**。しかし電圧がなくなるまで可能な充放電回数（サイクル寿命）が短いという課題があり（**3-12**）、長い間、普及が進みませんでした。

図3-21　ニッケル亜鉛電池

出典：ZAF Energy Systems 『Why Nicken Zinc?』（URL：https://zafsys.com/nizn-batteries/）

図3-22　ニッケル亜鉛電池の構造

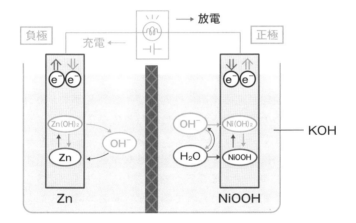

Point

- アルカリ性の電解質にニッケルを用いた二次電池は、アルカリ系二次電池と呼ばれ、ニカド電池やニッケル鉄電池、ニッケル亜鉛電池もこの仲間である
- ニッケル亜鉛電池は、カドミウムの代わりに安価な亜鉛を使用し、公称電圧もアルカリ系二次電池の中でも高く、エネルギー密度が高いという利点がある
- ニッケル亜鉛電池は、電圧がなくなるまで可能な充放電回数、サイクル寿命が短いこともあり、長い間、広く普及することはなかった

充放電の繰り返しが引き起こす不具合

デンドライトという課題

ニッケル亜鉛電池には、サイクル寿命が短いという課題があります。この原因は、負極活物質の亜鉛の一部が、放電時に亜鉛酸イオンとして電解質に溶け出し、充電時に亜鉛に戻って析出する際に、デンドライトと呼ばれる樹状結晶を生成することにあります（図3-23）。

この結晶は、**充放電を繰り返すにつれて成長し続け、セパレータを突き抜けて正極に到達すると、電池がショートサーキット（2-1）を引き起こし、発火や爆発を引き起こす**原因になることがあります。

新技術を使ったセパレータ

近年、ニッケル亜鉛電池の実用化に向けて、デンドライトのショートサーキットを防ぐための取り組みが活発に行われています。

その1つの例として、セパレータをイオン伝導性フィルムやセラミックスにすることで、水酸化物イオンを透過させながら、亜鉛酸イオンや亜鉛のデンドライトをブロックする事例が報告されています（図3-24）。これらは実用化に向けて開発が進められています。その他電解法による亜鉛箔の合金化の最新技術を施した負極を用いたところ、デンドライトの生成が確認できなかったという事例が報告されています。

歴史に埋もれた電池への期待

デンドライトが発生する金属電極は、亜鉛以外にも鉄、マンガン、アルミニウム、ナトリウムなど非常に数多くあり、それらは長く歴史の中に埋もれてきました。

新規技術によりデンドライトの課題が解決され、ニッケル亜鉛電池も含め、新たな二次電池の誕生に期待したいものです。

| 図3-23 | デンドライトの発生 |

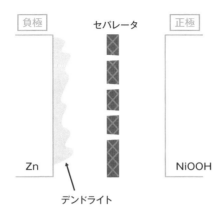

| 図3-24 | イオン伝導性フィルムによる効果 |

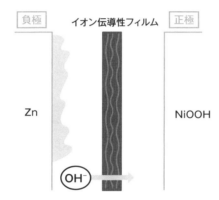

Point

- ニッケル亜鉛電池の充放電を繰り返すと、負極の亜鉛がデンドライトと呼ばれる樹状結晶を生成することがある。この結晶が成長し、セパレータを突き抜け正極に到達すると、電池がショートサーキットを引き起こす
- ニッケル亜鉛電池のサイクル寿命の原因は、デンドライトの生成による電池の劣化である
- セパレータをイオン伝導性フィルムにすることで、水酸化物イオンを透過させながら、デンドライトの生成を防ぐという事例が報告されている

》 水素を使った二次電池

一時はニカド電池から市場を独占？

ニッケル水素電池（Ni-MH電池、メタルハイランド電池）は、負極活物質に水素吸蔵合金、正極活物質にオキシ水酸化ニッケル、電解質にアルカリ性の水酸化カリウムを用います。他のアルカリ系二次電池と同様に、負極活物質が異なるだけで、その電池構造もほぼ同じです。

1990年に世界に先駆けて日本で実用化され、公称電圧は1.2Vで、**ニカド電池より電気容量が2倍大きく、有害なカドミウムも使わない**ことから、ニカド電池から代替していきました。ノートPCや音響機器によく使われていましたが、その後、リチウムイオン電池が出現し、2000年をピークに生産量も減少していきました（図3-25）。ニカド電池と同様に、最初は宇宙用として開発され、人工衛星に搭載されていました。またハイブリッド車に採用された電池として有名です。

水素吸蔵合金とは？

ニッケル水素電池の大きな特色は、水素吸蔵合金（プロチウム吸蔵合金、MH）が使われていることです。水素吸蔵合金は、ニッケル水素電池以外にも、水素貯蔵タンクの媒体、ヒートポンプ、コンプレッサーなどで使われています。水素は小さな原子ですから、金属原子のすき間に入り込みます。そこで水素を吸収しやすい金属と放出しやすい金属の2種類を合金化すると、合金の体積の1000倍以上の水素を吸蔵・放出できます（図3-26）。イメージとしては、合金のすき間に水素が入っている状態で、電圧などの条件により、水素が出たり、入ったりできる状態です。

一般的に水素を吸収しやすい金属は、ランタンやセリウム、放出しやすい金属はコバルトなどを添加したニッケルであり、レアアースなど高価な金属が電池のコストを上げる一因となっています。コストの安い合金の実用化に向けて日本では長年研究が行われ、2003年には放電性能が優れた超格子合金が使われるようになりました。

図3-25　ニッケル水素電池とリチウムイオン電池の販売数の推移

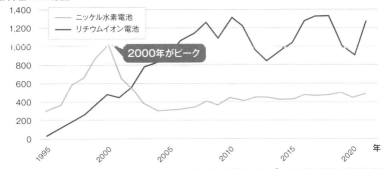

販売数（単位：100万個）

- ニッケル水素電池
- リチウムイオン電池

2000年がピーク

出典：一般社団法人電池工業会『二次電池販売数量長期推移』
（URL：https://www.baj.or.jp/statistics/mechanical/06.html）をもとに著者が作成

図3-26　水素吸蔵合金の構造

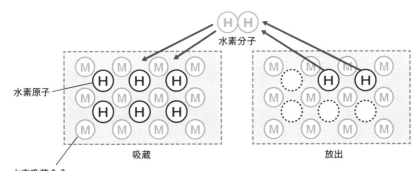

水素分子

水素原子

水素吸蔵合金

吸蔵

放出

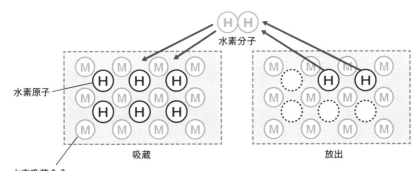

Point

- ニッケル水素電池は、ニカド電池より電気容量が2倍大きく、カドミウムも使わないことから広く普及し、かつてはハイブリッド車に採用されていたが、現在はより性能のよいリチウムイオン電池へと代わっている
- 水素を吸収しやすい金属と、放出しやすい金属の2種類を合金化すると、合金の体積の1000倍以上の水素を吸蔵・放出できる水素吸蔵合金となる
- ニッケル水素電池の負極活物質に用いられている水素吸蔵合金は、他にも水素貯蔵タンクの媒体、ヒートポンプ、コンプレッサーなどでも使用されている

水素を使った二次電池のしくみ

カドミウムを水素吸蔵合金で代用

ニッケル水素電池の反応構造は、放電時の負極では水素吸蔵合金が水素を放出して、酸化反応により水ができます（図3-27）。充電時にはその逆の反応が起こります。水素吸蔵合金の化学式は、MHと表します。正極では他のアルカリ系二次電池と同様に、放電時にはオキシ水酸化ニッケルが水酸化ニッケルに還元され、充電時には逆の反応が起こるため、反応全体は次のようになります。

負極：$MH + OH^- \rightleftarrows M + H_2O + e^-$
正極：$NiOOH + H_2O + e- \rightleftarrows Ni(OH)_2 + OH^-$
反応全体：$MH + NiOOH \rightleftarrows M + Ni(OH)_2$

ニカド電池とよく似た構造

電池の構造は、ニカド電池とほぼ同じスパイラルの密閉型の構造です。
過充電対策として、やはりニカド電池と同様に、負極に正極よりも活物質の量を多く導入して、負極からの水素ガスを抑制します。水素ガスが発生した場合に備えて、排出できる弁も取り付けられています（**3-8**）。

注意したい水素吸蔵合金の性質

ニカド電池によく似た構造を持つニッケル水素電池ですが、注意したいのは充放電です。メモリー効果も起こりますが、ニカド電池ほどではありません（**3-9**）。充電する前に放電させる、リフレッシュ機能がついた充電器であれば心配ありません（図3-28）。問題なのは、水素を蓄えない状態で水素吸蔵合金を放置すると、**水素を蓄える機能が低下してしまい、電池の寿命を短くしてしまうこと**です。そこで使わないまま放置することは避け、充電してから保管する方がよいでしょう。

図3-27　　　　ニッケル水素電池の電池反応構造

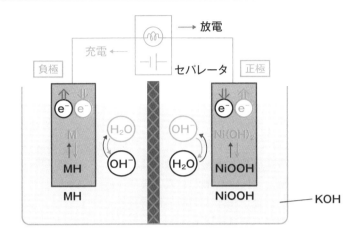

図3-28　　　　リフレッシュ機能のついた充電のイメージ

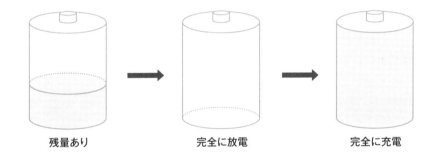

残量あり　　　　　　完全に放電　　　　　　完全に充電

Point

◢ ニッケル水素電池は、ニカド電池のカドミウムを水素吸蔵合金と置き換えたもので、ほぼ同じスパイラルの密閉型となる。負極には正極よりも活物質の量を多く導入することで、負極からの水素ガスを抑制する

◢ ニッケル水素電池の充電器の中には、充電する前に放電させるリフレッシュ機能により、メモリー効果を防ぐものもある

◢ 水素を蓄えない状態で放置した水素吸蔵合金は、電池の寿命を短くしてしまうため、使わないまま放置することは避け、充電してから保管する方がよい

宇宙で活躍してきた 水素を使った電池

宇宙開発と二次電池

一般に「ニッケル水素電池」といえば、すでに紹介した水素吸蔵合金を使ったニッケル水素電池（Ni-MH電池、メタルハイランド電池）を指します。しかし初期のニッケル水素電池は、負極の高圧タンクに水素ガスを貯蔵した特殊な電池で、Ni-H₂電池と表します（図3-29）。

ニカド電池の最初の実用化が人工衛星搭載用から始まったように、宇宙開発と二次電池は密接な関係がありました。なぜなら**宇宙用に打ち上げるには、重量制限が切実な問題であり、コストが高くなっても軽量な電池が必要**だったのです。

そのため1960年代以降、長い間、宇宙用電池はニカド電池が主流でしたが1980年代半ばにNi-H₂電池に置き換わります。しかし高圧水素ガスボンベの危険性を避けるために、すぐにニッケル水素電池に代わり、最近ではリチウムイオン電池が使われています。

大きすぎる電池

Ni-H₂電池は、電池自体を圧力容器内に収納し、30〜70気圧の高圧水素ガスを充満させます。この水素ガスが負極活物資になります。正極活物資はオキシ水酸化ニッケル、電解質は水酸化カリウムです（図3-30）。

両極および反応全体の充放電時の反応式は次のようになります。

負極：$H_2 + 2OH^- \rightleftarrows 2H_2O + 2e^-$

正極：$NiOOH + H_2O + e^- \rightleftarrows Ni(OH)_2 + OH^-$

反応全体：$H_2 + 2NiOOH \rightleftarrows 2Ni(OH)_2$

公称電圧は1.2Vで、およそ10年の寿命がありますが、何より大きいタンクの装置になってしまい、エネルギー密度が小さいという欠点があります。

> **図3-29** Ni-H₂電池

出典：NASA『Misson to Hubble』
（URL：https://www.nasa.gov/
mission_pages/hubble/servicing/
SM4/main/Battery_FS_HTML.
html）

> **図3-30** Ni-H₂電池の電池反応の構造

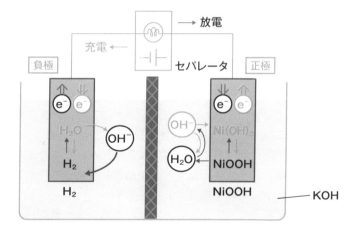

Point

- 初期のニッケル水素電池とは、水素吸蔵合金を使っておらず、電池自体を圧力容器内に収納し、高圧水素ガスを充満させたNi-H₂電池である
- Ni-H₂電池は、高圧タンクの水素ガスが負極活物資になり、電池といってもかなり重量が大きい装置で、エネルギー密度が小さい
- 人工衛星にもNi-H₂電池が使われたが、高圧水素ガスボンベの危険性を避けるために、すぐにニッケル水素電池、最近はリチウムイオン電池へと代わった

》 大きなエネルギーをためる 二次電池

大きな電気を貯蔵できる二次電池

　NAS電池（ナトリウム硫黄電池）は、1967年にアメリカで電気自動車の動力源として原理が発表され、2003年に日本で量産化に成功しました（図3-31）。NAS電池は、**エネルギー密度が高く、数十万キロワットの大きな電気を安定して貯蔵できます。**また電極材料のコストが小さく、完全密閉型で排ガス・騒音もなく、しかも保持が容易と理想的な電池です。大型化が簡単なこともあり、工場など電力の効率化や非常用電源、風力発電などの再生可能エネルギーの電力安定化などで大活躍しています。

電解質に溶融塩を使用

　電池の電解質として、硫酸や水酸化カリウムなど、水を使った電解質の場合、充電末期や過放電になると水の電気分解が起こり、ガスの発生による電解質の漏れや電池の劣化は避けられないものです（**3-6**）。そこで固体でもイオンを通す固体電解質や溶融塩電解質が試みられてきました。ここでいう溶融塩とは、陽イオンと陰イオンが結合した化合物に熱を加えて溶融させたもので、高いイオン伝導率となります。

　NAS電池では、電解質にβアルミナと呼ばれる固体電解質を、高温で溶解塩として用いています。そのため溶融塩二次電池であり、また熱を加えることから熱電池の一種といえます（**2-21**）。

　NAS電池は約300度の高温で運転するため、負極活物質の金属ナトリウム（融点：約98度）と正極活物質の硫黄（融点：約115度）は、融点を超えて液体となります（図3-32）。その間にある固体電解質のβアルミナはナトリウムイオンのみ移動でき、セパレータの役目もします。また**固体電解質は室温では非伝導性ですから、NAS電池は常温での貯蔵時に自己放電を起こさずに安定して長期保存できます。**

図3-31	**NAS電池の外観**

コンテナ型800kW（コンテナ4基）の例

出典：日本ガイシ『導入を検討されるお客さまへ』（URL：https://www.ngk.co.jp/product/nas-intro.html）

図3-32	**300℃と室温でのNAS電池の状態**

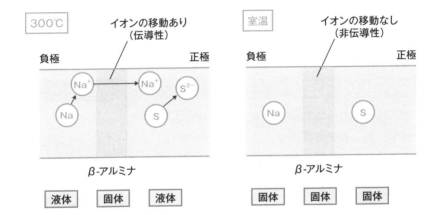

Point

- エネルギー密度が高く、電極コストが小さいNAS電池は、工場など電力の効率化や非常用電源、再生可能エネルギーの電力安定化などで活躍中である
- NAS電池は、高温で電解質に、固体電解質βアルミナを溶融塩として用いることから、溶融塩二次電池であり、熱電池の一種でもある
- 固体電解質は室温では非伝導性であるため、NAS電池の室温での貯蔵時には、自己放電が起こらない。そのため長期間、安定して保存できる

大きなエネルギーをためる 二次電池の注意点

ナトリウムと硫黄の反応

NAS電池の反応構造は、放電時に負極活物質のナトリウムが電子を放出し、酸化反応によりナトリウムイオンとなり、固体電解質を通過します（図3-33）。正極活物質の硫黄は、ナトリウムイオンと電子を受け取り、還元反応により多硫化ナトリウムとなります。充電時には逆の反応が起こります。また、両極を合わせると、反応全体は次のようになります。

負極：$Na \rightleftarrows Na^+ + e^-$
正極：$5S + 2Na^+ + 2e^- \rightleftarrows Na_2S_5$
反応全体：$2Na + 5S \rightleftarrows Na_2S_5$

取り扱いに注意

NAS電池はサイクル寿命が長く、約15年程度使用できるうえ、メモリー効果もありません。今後さらなる活躍に期待が高まっています。その一方で注意したいのが、負極活物質の金属ナトリウムで、水と反応すると爆発の危険があります。また充電時に生成される硫化ナトリウムは水と反応すると、毒性の強い硫化水素を発生します。そのため**NAS電池は発火しても水系の消火剤が使えず、取り扱いに注意が必要**です。

NAS電池のもう1つの利点は、セル（単電池）をいくつもつなげて大型化しやすいということです（図3-34）。このセルの公称電圧は約2.1Vです。NAS電池のセルは三層構造になっていて、内側から負極活物質のナトリウム、電解質のβアルミナ、正極の硫黄です。これらは電池容器に収納されています。このセルをいくつかつなげるとモジュール電池（大容量の電池）となります。さらに多数のモジュール電池を詰めたユニットを並べると、大型化のNAS電池システムとなります。

| 図3-33 | NAS電池の放充電反応の構造 |

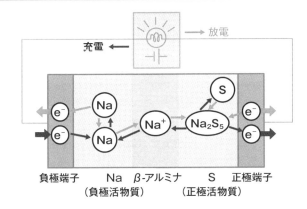

負極端子　　Na　β-アルミナ　　S　正極端子
　　　　（負極活物質）　　　（正極活物質）

| 図3-34 | NAS電池システムの構造 |

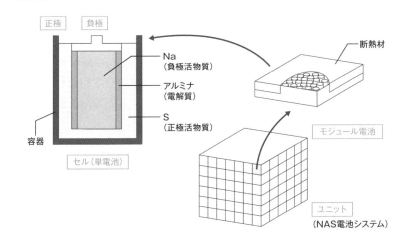

Point

- NAS電池はサイクル寿命が長く、しかも15年程度使用できる長寿命電池で、メモリー効果もない
- 金属ナトリウムと硫化ナトリウムは、水と反応すると危険なため、NAS電池は発火しても水系の消火剤が使えず、取り扱いに注意が必要である
- セルをいくつかつなげると大容量のモジュール電池に、多数のモジュール電池を詰めたユニットを並べると大型化のNAS電池システムとなる

離島や地域で活躍する二次電池

離島や地方の自然エネルギー導入に貢献

NAS電池は、国内だけでなく、アメリカ、ドイツ、アラブ首長国連邦など250ヵ国以上の稼働実績があります（2022年2月時点）。さまざまなシーンで活躍するNAS電池ですが、近年では風力や太陽光発電など自然エネルギーを中心とした電源構成（**7-1**）の実現や離島で行う離島・地域グリッド（マイクログリッド）が始まっています。

自然エネルギーは風力や太陽光など気象条件に影響されるため、安定的に電気を供給することが課題となります。特に系統容量（電力供給地域における需要負荷の総量）の小さい離島や地方で、系統を安定的に運用するために、これまでディーゼル発電などの出力が必要となり、自然エネルギーの導入や稼働に制限がありました。そこで2015年から島根県隠岐諸島では、NAS電池とリチウムイオン電池を組み合わせた日本初のハイブリッド蓄電システムを導入し、コストの低減、システム効率の向上、充放電管理の改善が実証されています（図3-35）。

地域レベルのピークカット

需要の少ない夜間に充電し、昼間のピーク時に放電するピークカットが、地域レベルで始まっています。千葉県柏市にある「柏の葉スマートシティ」では、環境共生・健康長寿・新産業創造を目指し、2015年より太陽光発電や二次電池など分散したエネルギーを街区間で相互に融通する、日本初のスマートグリッドが本格的に稼働しています（図3-36）。NAS電池はこの分散エネルギーの調整をサポートしています。

具体的には、商業エリアとホテル・オフィスエリアの平日と休日で、電力需要の異なるエリア間での電力融通を行い、地域レベルでピークカットを実現しました。また災害時に系統電源が停電したときには、街に分散設置された発電・蓄電設備の電気を、住民の生活維持に必要な施設・設備に供給することが可能です。

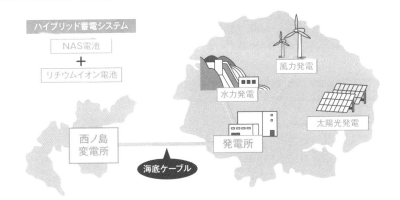

図3-35　島根県隠岐諸島の「離島・地域グリッド（マイクログリッド）」

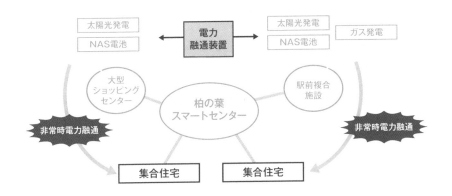

図3-36　柏の葉スマートシティ「スマートグリッド」のイメージ

Point

- 島根県隠岐諸島では、NAS電池とリチウムイオン電池の「ハイブリッド蓄電システム」が導入され、自然エネルギーの導入・稼働のサポートが実証されている
- 千葉県柏市の「柏の葉スマートシティ」では、分散したエネルギーの調整にNAS電池を用いて、「スマートグリッド」が本格的に稼働している
- 「スマートグリッド」では、災害時の停電時には街に分散設置された発電・蓄電設備の電気を生活維持に必要な施設・設備に供給することで、ライフラインを守る

第3章　離島や地域で活躍する二次電池

117

》日本で実用化した大規模な二次電池

「酸化還元反応の流れ」という電池

NAS電池と同様に、大規模な蓄電装備として実用化されているのは、レドックスフロー電池です（図3-37）。この電池は1974年にアメリカで基本原理が発表され、2001年より日本で実用化されました。当初は鉄・クロム系が研究されましたが、その後、エネルギー効率のよい酸化還元反応を起こすバナジウム系が主流となっています。名称のレドックスとは「還元（reduction）酸化（oxidation）」、フローとは、電解質の「流れ（flow）」から合成した和製英語です。

電解質＝活物質？

レドックスフロー電池は、フロー電池（電解液循環型電池）の一種で、電解質中に両極の活物質を溶存させ、その電解質を外部のポンプの「流れ」の中で起こる「酸化還元」反応によって、電気を取り出します。

一般的な二次電池は、固体の活物質が液体の電解質に溶け出してイオンになったり、そのイオンが析出したりして充放電が行われます。フロー電池では、活物質の金属イオンがすでに電解質に溶けているので、**析出することもなく、イオンのままで酸化還元反応が起こり、充放電が行われます。**

大がかりな装置の電池

レドックスフロー電池は、電池といっても、大規模な装置です。その装置の構造は、負・正極それぞれの活物質および電解質を入れたタンクと電池反応を行う公称電圧1.4Vの単セルを、直列に複数接続して積層させたセルスタックからなります（図3-38）。両極のタンクの電解質を、外部エネルギーで動かしたポンプで、セルスタックに循環させ、酸化還元反応を起こす電池構造となります。

| 図3-37 | レドックスフロー電池の外観 |

出典：住友電気工業『大規模蓄電システム「レドックスフロー電池」』が「2015年日経優秀製品・サービス賞 最優秀賞 日経産業新聞賞」を受賞』（URL：https://sei.co.jp/company/press/2016/01/prs002.html）

| 図3-38 | レドックスフロー電池の構造 |

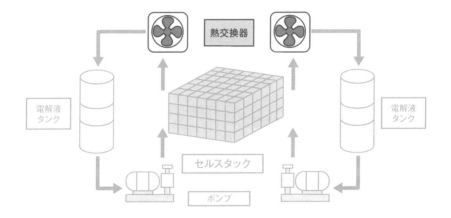

熱交換器

電解液タンク

セルスタック

ポンプ

電解液タンク

Point

- レドックスフロー電池は、電解質中に両極の活物質を溶存させ、その電解質を外部のポンプから供給し、酸化還元によって電気を取り出す
- 活物質の金属イオンがすでに電解質に溶けているので、金属が析出することもなく、イオンのままで充放電を行う
- 電池といっても、活物質と電解質を入れたタンクが両極あり、セルスタックやポンプなど、大規模な装置となる

安全で寿命が長く、普及が期待される二次電池

異なる価数のバナジウムイオンを活用

　バナジウム系レドックスフロー電池の化学反応を解説します（図3-39）。負極および正極のタンクには、それぞれ酸化硫酸バナジウムの水和物（$VOSO_4 \cdot nH_2O$）を電解質の硫酸に溶解させて+4価のバナジウムイオン溶液にしたものを、電気分解してそれぞれ異なる価数のバナジウムイオン溶液にして用いています。

　電池を放電反応させる前の負極のタンクには、+2価のバナジウムイオンが含まれていて、電池の放電反応は、バナジウムの+2価から+3価への酸化反応が起こります。正極では+5価のバナジウムイオンが含まれていて、+5価から+4価への還元反応が起こっています。また充電時にはそれぞれ逆の反応が起こり、両極では酸化還元反応が起こっています。よって、電池反応全体は以下の通りです。

負極：$V^{2+} \rightleftarrows V^{3+} + e^-$
正極：$VO_2^+ + 2H^+ + e^- \rightleftarrows VO^{2+} + H_2O$
反応全体：$V^{2+} + VO_2^+ + 2H^+ \rightleftarrows V^{3+} + VO^{2+} + H_2O$

常温で利用可能な大型の蓄電装備

　レドックスフロー電池の反応は、金属の価数の変化のみであるため、**サイクル寿命は無制限に、溶液は半永久的に使用できます**。ガスの発生もなく安全性が高く、常温反応なので設備の劣化も少なく、寿命は20年です。負極と正極のタンクが別々なので、自己放電がほとんどありません。一方で、現在主流のバナジウムがレアメタルの一種で高価であること、ポンプの設置や稼働にコストがかかることなどが課題です。

　太陽光発電の電力を蓄電する目的などで、2015年より北海道南早来変電所で、世界最大級規模の設備で、導入が始まりました（図3-40）。海外ではアメリカ、ベルギー、モロッコ、台湾でも導入されており、今後の普及が期待されます。

図3-39	**レドックスフロー電池の放電・充電反応の原理**

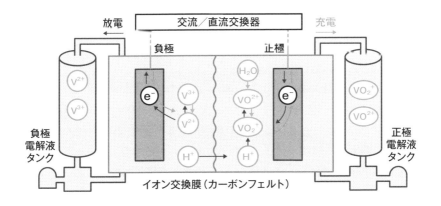

図3-40	**北海道南早来変電所のレドックスフロー電池稼働イメージ**

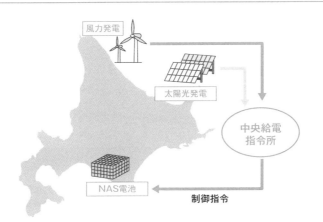

Point

- レドックスフロー電池の反応は、金属の価数の変化のみであるため、サイクル寿命は無制限に、溶液は半永久的に使用できる
- レドックスフロー電池は、ガスの発生がなくて安全性が高く、設備の劣化も少なくて寿命は20年、自己放電もほとんどない
- バナジウムが高価であること、ポンプの設置や稼働にコストがかかることなどが課題である

» 広く普及しなかった二次電池

融解して電解質に変身

ゼブラ電池（ニッケル・ナトリウム塩化物二次電池）は、1985年にコーツナー（南アフリカ）によって発明されました。この電池は、NAS電池と同様に溶融塩二次電池の一種で（**3-16**）、公称電圧は2.4から2.7Vで、エネルギー密度は高く、潜水艦や電気自動車で使われたことがあります。**長期保存可能で、腐食が起こりにくく、サイクル寿命も長いのですが、高温で作動させるためコストが高い**という課題が残っています。

ゼブラ電池は、負極活物質にナトリウム（融点：約98度）、正極活物質に塩化ニッケル（融点：1001度）、正極電解質に固体の塩化アルミニウムナトリウム（融点：約160度）、電解質にβアルミナを溶融塩として用いています。NAS電池と同様に約300度で運転するので、固体の塩化アルミニウムナトリウムはこの温度では、融解して液体となり、電解質として働きます。固体電解質のβアルミナは、セパレータとして働きます（図3-41）。

金属イオンの移動をサポート

ゼブラ電池は、放電時に負極活物質のナトリウムが電子を放出し、酸化反応によりナトリウムイオンとなり、固体電解質のβアルミナを通過します（図3-42）。このとき正極電解質の塩化アルミニウムナトリウムが、正極側に通過してきたナトリウムイオンの移動を助けます。こうして正極活物質の塩化ニッケルは、ナトリウムイオンと電子を受け入れ、還元反応により塩化ナトリウムとなります。充電時には逆の反応が起こり、電池反応全体は次のようになります（図3-43）。

負極：$Na \rightleftarrows Na^+ + e^-$
正極：$NiCl_2 + 2Na^+ + 2e^- \rightleftarrows 2NaCl + Ni$
反応全体：$2Na + NiCl_2 \rightleftarrows 2NaCl + Ni$

| 図3-41 | **300℃と室温でのゼブラ電池の状態** |

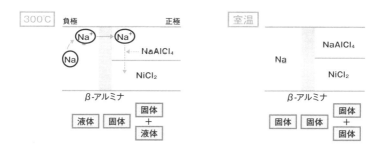

| 図3-42 | **ゼブラ電池の放電反応の構造** |

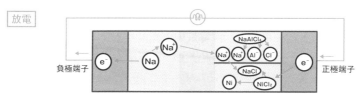

| 図3-43 | **ゼブラ電池の充電反応の構造** |

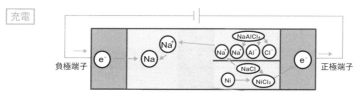

Point

- ゼブラ電池は、長期保存可能で、腐食が起こりにくく、サイクル寿命も長い。しかし高温で作動させるためコストが高いという課題が残る

- ゼブラ電池は、NAS電池と同様に、高温で電解質に固体電解質βアルミナを溶融塩として用いることから、溶融塩二次電池である

- 正極電解質の塩化アルミニウムナトリウムは、電池稼働温度300度で溶けて電解質として働き、負極からのナトリウムイオンの移動を助ける

何度も実用化が期待され、今も研究が進む二次電池

長い歴史の中に残された課題

負極活物質に亜鉛、正極活物質に臭素や塩素などハロゲン元素を用いた、亜鉛-ハロゲン電池は、レドックスフロー電池の一種として、過去に何度も実用化を試みられながら、広く普及しなかった電池です。

特に亜鉛-臭素電池は、普仏戦争（1870～1871年）で照明用に使われたという歴史を持ちます（図3-44）。しかし**亜鉛のデンドライト（3-12）によるショートサーキット、電解質中の臭素が正極の亜鉛によって自己放電する（2-5）**という課題がありました。その後の研究により、高分子セパレータの開発、臭素を油状にして保存する方法が考案され、1980年代には電気自動車用の電池としても試みられましたが、中断しました。しかし、現在でも一部で研究が進められており、近年ではアメリカでセパレータを使わない、導電性カーボンフォーム電極を使った電池が開発されています。またオーストラリアでは、水ベースの電解質を使った電池が実用化されています。

ハロゲン元素の臭素を使用

実用化された亜鉛-臭素電池は、レドックスフロー電池と同様に電解質をポンプで循環させる形式です（図3-45）。電池の構成は、負極活物質にメッキ処理を施された亜鉛、正極活物質に有機溶媒に溶けた臭素（融点：-7.2度）、電解質に臭化亜鉛となります。放電時には、負極活物質の亜鉛が溶けて電子を放出し、正極活物質の臭素が臭素イオンになることで、電子を受け取ります。充電時には逆の反応が起こります。公称電圧は48Vで、10～50度で作動します。

負極：$Zn \rightleftarrows Zn^{2+} + 2e^-$
正極：$Br_2 + 2e^- \rightleftarrows 2Br^-$
反応全体：$Zn + Br_2 \rightleftarrows Zn^{2+} + 2Br^-$

図3-44 亜鉛-臭素電池の外観

出典：redflow『ZBM3 Battery』
(URL：https://redflow.com/zbm3-battery)

図3-45 レッドフロー社の亜鉛-臭素電池の放電・充電反応の構造

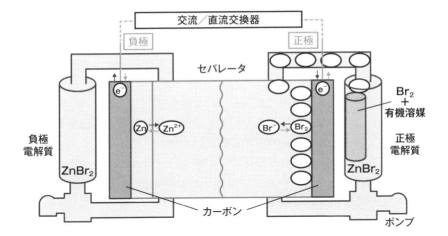

Point

- 亜鉛-ハロゲン電池は何度も実用化を試みられてきたが広く普及しなかった
- 亜鉛-臭素電池は、普仏戦争で照明用に使われたという古い歴史を持つが、亜鉛のデンドライトや自己放電という課題がある
- 現在もアメリカやオーストラリアなどで亜鉛-臭素電池の実用化に向けて開発が進んでおり、今後に期待したい電池の1つである

》 充電できる一次電池?

アルカリ乾電池の充電は危険

　円筒形のニッケル水素電池やリチウムイオン電池が、「充電できる乾電池」として充電器と一緒に販売されています。アルカリ乾電池は、これらの二次電池に、形状がよく似ていますが、一次電池ですから同じように充電できません。

　仮に**アルカリ乾電池を充電すると、電解質の水酸化カリウムが電気分解されますが、カリウムはイオン化傾向が大きいため、金属として析出しません**（図3-46）。そのため水が電気分解され、負極から水素ガス、正極から酸素ガスが発生します。この水素ガスと酸素ガスが混ざると大爆発が起こる危険性があります。またガスが乾電池の中で充満して破損や破裂して、強アルカリ性の水酸化カリウムが皮膚に付着すると火傷の危険もあります。

　かつて小型電池として広く普及していた酸化銀電池（**2-9**）ですが、実はもともと二次電池として、ミサイルやロケット、深海捜査船用の開発から始まっています。そのため、ある程度は充電が可能となります。しかし過充電で水の電気分解により酸素ガスの発生、充電時にデンドライト生成（**3-12**）の問題があり、実用化には至りませんでした（図3-47）。一次電池として販売されている酸化銀電池は、発生したガスを外に逃がす機能がないこともあり、充電は禁止されています。

開発が進む空気亜鉛二次電池

　一次電池の中で最も電気密度の高い空気亜鉛電池（**2-10**）ですが、充電できるタイプの国内開発が報告されています。一次電池の正極電極には活性炭などの素材が使われていましたが、これを導電性酸化物セラミックスのみを用いることで、空気亜鉛二次電池の開発に成功したとのことです。電池の大型化に適した円筒型が採用され、今後の実用化に期待したいものです。

| 図3-46 | アルカリマンガン電池を充電した場合 |

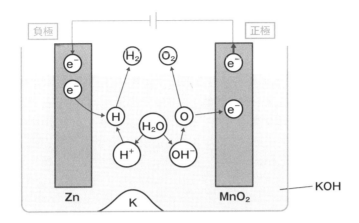

| 図3-47 | 酸化銀二次電池の放電・充電反応の構造 |

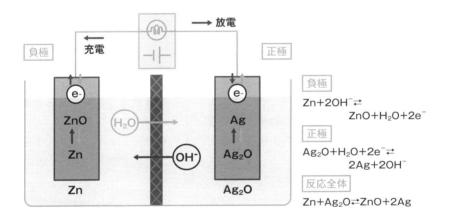

負極
$$Zn+2OH^- \rightleftarrows ZnO+H_2O+2e^-$$

正極
$$Ag_2O+H_2O+2e^- \rightleftarrows 2Ag+2OH^-$$

反応全体
$$Zn+Ag_2O \rightleftarrows ZnO+2Ag$$

Point

- 仮にアルカリ乾電池を充電すると、水が電気分解され、負極から水素ガス、正極から酸素ガスが発生し、非常に危険である
- もともと二次電池として開発が始まっているので、酸化銀電池はある程度は充電が可能であるが、充電は禁止されている
- 一次電池の中で最も電気密度の高い空気亜鉛電池だが、充電できるタイプの開発が報告されており、今後に期待したい

やってみよう

備長炭でアルミ空気電池を作ってみよう

1000℃以上の高温で焼いた備長炭は、炭素結晶が規則正しく並んでいるため、炭素の層の間を電子が動きやすく、電気をよく通します。今回はアルミホイルと、備長炭に付着した酸素で空気電池（**2-10**）を作ってみましょう。

用意するもの

- ・備長炭
- ・アルミホイル
- ・キッチンペーパー
- ・実験用電子オルゴール（または実験用小型発光ダイオード）
- ・食塩水（塩化ナトリウム水溶液）
- ・リード線

やり方

❶鍋にお湯を沸かして、溶かせるだけの塩を入れて濃い目の食塩水を作り、冷めたらキッチンペーパーを浸します。このキッチンペーパーを備長炭に巻き付けて、その上からアルミホイルを巻き付けます。このときアルミホイルが備長炭に直接接触しないように気をつけてください。

❷実験用電子オルゴールの負極を備長炭、正極をアルミホイルにリード線でつないでみて、音が鳴るか確認してみましょう。

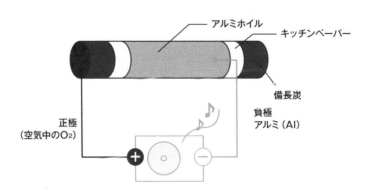

アルミホイル　　キッチンペーパー

備長炭

負極
アルミ（Al）

正極
（空気中のO₂）

第4章

私たちの生活を激変させた電池

～リチウムイオン電池とその仲間・リチウム系電池～

金属リチウムを使わない という選択

スマートフォンから電気自動車まで

　二次電池の中でも、2019年のノーベル化学賞に輝く<u>リチウムイオン電池</u>（LIB）は、今では私たちの生活に欠かせない存在です。1991年に**日本が世界で初めて商品化して以降、スマートフォンやノートPCの小型化を進め、最近では電気自動車において最重要技術**です（図4-1）。

金属リチウムを使った二次電池

　すでに1950年代には、負極電極に<u>金属リチウム</u>を用いた、充電できないリチウム一次電池（**2-11**）は登場しています。これを二次電池に進化させる研究開発が1970年代アメリカで進められ、1987年にはカナダで携帯電話用に、二硫化モリブデン・リチウム電池として商品化されました。しかしこの電池は、負極に用いた金属リチウムからのデンドライト（**3-12**）の成長による発火事故を起こしたことから、普及しませんでした。この事故以降も、デンドライトの問題は解決されておらず、金属リチウムを使った二次電池の商品化は現在まで実現していません。

金属を使わないという選択

　そこで登場したのが、金属リチウムではなく、リチウムイオンを用いるという選択でした（図4-2）。ニッケル水素電池（**3-13**）では、負極電極の水素吸蔵合金のすき間に水素が出たり、入ったりする（<u>吸蔵</u>する）性質を利用していました。これと同様に、リチウムイオンが入り込めるすき間を持った材料を負極活物質に用いて、リチウムイオンを吸蔵するというしくみを考えたのです。

　イオン化傾向が最大の金属リチウム（**2-11**）を使わなくてもいいのですから、水との激しい反応による発火や、充電時におけるデンドライトのショートサーキットの問題が解決されます。

図4-1　暮らしを変えるリチウムイオン電池

ノートPC　スマートフォン・タブレット　モバイルバッテリー

家庭用ロボット　産業用ロボット　再生可能エネルギーの貯蔵

ポータブルゲーム機　電気自動車

リチウムイオン電池の活用例

重い携帯電話からスマートフォンへ

重いノートPCからタブレットへ

⇨ 暮らしを便利に！

図4-2　リチウム系電池

負極活物質に金属リチウムを使用

（金属）リチウム電池 ── リチウム一次電池 ──（金属）リチウム二次電池

リチウム系電池 ── リチウム二次電池　負極活物質にリチウム合金を使用

リチウムイオン電池 ── 2019年ノーベル化学賞受賞

金属リチウムの代わりにリチウムイオンを活用

Point

∥ 二次電池の中でもリチウムイオン電池は、2050年カーボンニュートラルのカギを握り、電気自動車においては最重要技術である

∥ かつて金属リチウムを使った二次電池が商品化されたが、デンドライトによる発火事故を起こし、普及することはなかった

∥ リチウムイオン電池は、電極に安全上の問題のある金属リチウムを使用しないで、リチウムイオンを吸蔵する材料を電極に活用する、という発想がはじまりである

》 世界初のリチウムイオン 電池誕生

リチウムイオンを出し入れする黒鉛

負極活物質にリチウムイオンを吸蔵する材料として、最終的に選ばれたのが炭素材料の黒鉛（グラファイト）でした。これはリチウムイオン電池の成功要因として挙げられており、1981年に日本で発表されました。

黒鉛とは、炭素からなる元素鉱物の一種で、炭素原子が六角形に規則正しく並んだ、板状の結晶体が積み重なった層状構造です（図4-3）。その層内の板状の面と面の間は弱い結合のため、ここにリチウムイオンが入ったり（吸蔵したり）、放出したりできます。また黒鉛の基本的な結晶構造には変化はありません。このように**結晶を構成する格子のすき間に、原子やイオンを吸蔵・離脱すること**をインターカレーション（型）反応といいます。

黒鉛にリチウムイオンを吸蔵させると、原理的には、次のように炭素原子6個の六角形格子に、リチウムイオン1個がインターカレーション反応します。

$$6C + Li^+ + e^- \rightarrow LiC_6$$

リチウムイオン電池の負極活物質に黒鉛を用いた場合、リチウムが吸蔵されたときが、充電が完了した状態となります。

世界初のリチウムイオン電池の誕生

正極活物質に、現存最も用いられているコバルト酸リチウムはリチウムだけをインターカレーション反応でき、1980年にジョン・バニスタ・グッドイナフ（英）と水島公一（日）が発見しました。負極活物質に黒鉛、正極にコバルト酸リチウムのコバルト酸リチウム電池（LCO）は、1985年に吉野彰（日）らが特許取得し、1991年日本で世界初の商品化された後、現在でもスタンダードになっています（図4-4）。

| 図4-3 | 黒鉛の結晶構造 |

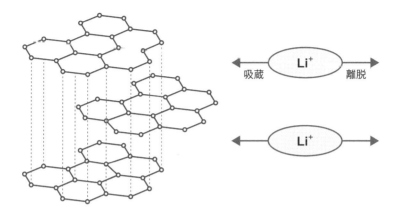

| 図4-4 | 1991年発売の世界初のリチウムイオン電池 |

出典：EE Times Japan『ソニーが電池事業を村田製作所に譲渡』
（URL：https://eetimes.itmedia.co.jp/ee/articles/1607/28/news130.html）

Point

- リチウムイオンを吸蔵する材料に選ばれたのが黒鉛で、結晶面と面の間にリチウムイオンを吸蔵・離脱することができる。これをインターカレーション反応という
- 黒鉛を使用した際、原理的には炭素原子6個の六角形格子に、リチウムイオン1個が吸蔵することになる
- 負極活物質に黒鉛、正極にコバルト酸リチウムを用いたリチウムイオン電池は、1991年に日本が世界初の商品化に成功した

≫ 画期的な電池反応による放電

インターカレーション反応による放電反応

　リチウムイオン電池では、**リチウムイオンのインターカレーション反応**による酸化還元反応によって充放電します。

　図4-5のように、放電時には負極活物質に吸蔵していたリチウムが電子と一緒に放出され、酸化されてリチウムイオンとなります（酸化反応）。電解質中を正極側に移動してきたリチウムイオンは、正極活物質に吸蔵され、導線を移動してきた電子を受け取り還元されます（還元反応）。

コバルト酸リチウム電池の放電反応

　負極活物質に黒鉛、正極にコバルト酸リチウム（$LiCoO_2$）を用いたコバルト酸リチウムイオン電池の電池反応は次のようになります（図4-6）。

　原理的には、炭素原子6個にリチウムイオン1個が吸蔵されますが（**4-2**）、実際には、すべての炭素六角格子がリチウムイオンを吸蔵するわけでありません。そこで負極活物質の黒鉛には、あらかじめ充電されたときに炭素原子6個にn個のリチウムイオンが吸蔵されていると仮定します。放電時には、吸蔵されていたn個のリチウムイオンと電子が放出されます（酸化反応）。なお、nは0〜1の間の値となります。

　電解質中を移動してきたn個のリチウムイオンは、正極活物質のコバルト酸リチウムに吸蔵され、導線を移動してきた電子を受け取ります（還元反応）。正極のコバルト酸リチウムは、あらかじめ充電されたときにn個のリチウムイオンを差し引かれた状態なので、$Li_{(1-n)}CoO_2$と表します。また、放電反応全体は、次のようになります。

　負極：$Li_nC_6 \rightarrow 6C + nLi^+ + ne^-$
　正極：$ne^- + nLi^+ + Li_{(1-n)}CoO_2 \rightarrow LiCoO_2$
　反応全体：$Li_nC_6 + Li_{(1-n)}CoO_2 \rightarrow 6C + LiCoO_2$

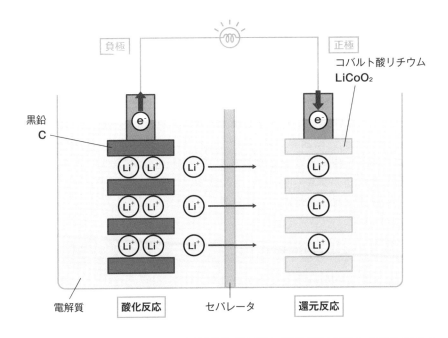

図4-5 コバルト酸リチウムイオン電池の放電反応の構造

負極

正極

コバルト酸リチウム
LiCoO₂

黒鉛
C

e⁻

e⁻

Li⁺ Li⁺ Li⁺ → Li⁺

Li⁺ Li⁺ Li⁺ → Li⁺

Li⁺ Li⁺ Li⁺ → Li⁺

電解質　　**酸化反応**　　セパレータ　　**還元反応**

図4-6 放電反応前後のリチウムイオン

	負極	正極
放電前（充電終了後）	n個	$(1-n)$ 個
	Li_nC_6	$Li_{(1-n)}CoO_2$
放電終了後	0個	1個
	$6C$	$LiCoO_2$

$0 < n < 1$

Point

- リチウムイオン電池では、リチウムイオンのインターカレーション反応による酸化還元反応によって充放電する
- 放電時には、負極活物質に吸蔵していたリチウムは電子と一緒に放出され、リチウムイオンとなり酸化される
- 電解質中を正極側に移動してきたリチウムイオンは、正極活物質に吸蔵され、電子を受け取り還元される

≫ 画期的な電池反応による充電

インターカレーション反応による充電反応

リチウムイオン電池の**充電時には、放電時と逆の反応が起こります**（図4-7）。正極活物質に吸蔵されていたリチウムは電子と一緒に放出され、酸化されてリチウムイオンとなります（酸化反応）。電解質中を負極側に移動してきたリチウムイオンは、負極活物質に吸蔵され、導線を移動してきた電子を受け取り還元されます（還元反応）。

コバルト酸リチウム電池の充電反応

コバルト酸リチウムイオン電池の充電反応は次のようになります（図4-8）。

正極活物質コバルト酸リチウムに吸蔵されていたn個のリチウムイオンと電子が放出されます（酸化反応）。n個のリチウムイオンを放出したコバルト酸リチウムには、$(1-n)$個のリチウムが残ります。電解質中を移動してきたn個のリチウムイオンは、負極活物質の黒鉛に吸蔵され、導線を移動してきた電子を受け取ります（還元反応）。

正極：$LiCoO_2 \rightarrow n e^- + n Li^+ + Li_{(1-n)}CoO_2$
負極：$6C + n Li^+ + n e^- \rightarrow Li_n C_6$
反応全体：$6C + LiCoO_2 \rightarrow Li_n C_6 + Li_{(1-n)}CoO_2$

イオンの往復

リチウム・イオンのインターカレーション反応では、イオンの往復だけで、金属リチウムは生じないのでデンドライトの問題（4-1）もなく、安全性が高くなりました。電極の溶解・析出を伴わないので、充放電の効率もよくなり、しかもメモリー効果（3-5）も起こりません。リチウムイオン電池のように、イオンの往復で充放電する電池を、「ゆり椅子」の動きにたとえて、ロッキングチェア型電池といいます。

図4-7 コバルト酸リチウムイオン電池の充電反応の構造

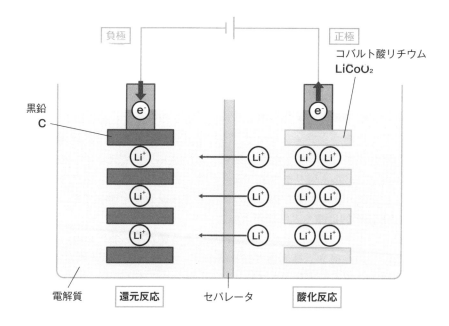

負極

正極

コバルト酸リチウム
LiCoO₂

黒鉛
C

e⁻

e⁻

Li⁺   ←   Li⁺   Li⁺ Li⁺

Li⁺   ←   Li⁺   Li⁺ Li⁺

Li⁺   ←   Li⁺   Li⁺ Li⁺

電解質 | 還元反応 | セパレータ | 酸化反応 |

図4-8 　　　　　　　　充電反応前後のリチウムイオン

	負極	正極
充電前（放電終了後）	0個	1個
	6C	LiCoO₂
充電終了後	n個	$(1-n)$個
	Li_nC_6	$Li_{(1-n)}CoO_2$

$0 < n < 1$

Point

- リチウムイオン電池の充電時には正極活物質中のリチウムは酸化されリチウムイオンとなり、電解質中を移動して負極活物質に還元される
- リチウムイオンのインターカレーション反応では、デンドライトの問題がないうえに、充放電の効率もよく、メモリー効果も起きない
- リチウムイオン電池のように、イオンの往復で充放電する電池を「ゆり椅子」の動きにたとえて、ロッキングチェア型電池と呼ぶ

» スタンダードで最強な
リチウムイオン電池

コバルトをめぐる不都合な現実

　コバルト酸リチウムイオン電池（LCO）の正極活物質に使用されているコバルトは高価なレアメタルです。そこで長年、他の安価な正極活物質を用いた研究がされてきましたが、現在でもコバルトが主流です。その理由には、まずコバルト酸リチウムが比較的容易に製造可能で、取り扱いが簡単なことがあります。また後発のリチウムイオン電池と比べても、**起電力が3.7Vと圧倒的に高く、性能がよい**ことが挙げられます。

　しかし図4-9のようにコバルトを採掘できる国が限られており、特に独裁的な国での環境や人権問題が指摘されています。また埋蔵量も不明で、資源の枯渇問題も浮上してきていますが、それでも使い続けているのが現状です。

コバルトが最強な理由と使用上の注意点

　リチウムイオン電池の利点は、そのままコバルト酸リチウムイオン電池のものです。まずリチウムのイオン化傾向が大きい（図1-14）ため他の二次電池に比べて電圧が高く、大容量です（図4-10）。リチウムを使えば、エネルギー密度も圧倒的に大きく、軽量の製品が作られます。自己放電が小さく、サイクル寿命も長いため、何度も繰り返し充放電して使用できます。有害な重金属を使用していないので、環境に対する負荷が少ないです。リチウム一次電池と同様に、電解質に有機溶媒を用いているため、氷点以下の低温での使用も可能です（2-11）。

　一方で過充放電すると、コバルト系の結晶は変形しやすい層状岩塩構造のため、内部の素材が劣化して性能が著しく低下します。また高温で電解質の有機溶媒が分解してガスを発生し、発火の危険性があります。そのため電気自動車用の電池には、コバルト酸リチウムイオン電池は使われていません。また発火事故を防ぐため、セパレータはポリマーを複数重ねたり、無機材料などを利用しているのでコスト高くなります。

図4-9
世界のコバルト埋蔵量（単位：トン）

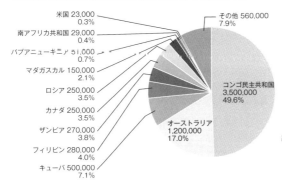

米国 23,000
0.3%
南アフリカ共和国 29,000
0.4%
パプアニューギニア 51,000
0.7%
マダガスカル 150,000
2.1%
ロシア 250,000
3.5%
カナダ 250,000
3.5%
ザンビア 270,000
3.8%
フィリピン 280,000
4.0%
キューバ 500,000
7.1%

その他 560,000
7.9%

コンゴ民主共和国
3,500,000
49.6%

オーストラリア
1,200,000
17.0%

出典：JETRO『中国のEVシフトに立ちはだかるコバルト供給問題』
（URL：https://www.jetro.go.jp/biz/areareports/2018/5031cf98b023cbd4.html）

図4-10
二次電池のエネルギー密度

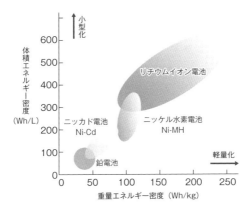

小型化 ↑

体積エネルギー密度（Wh/L）

600
500
400
300
200
100
0

リチウムイオン電池

ニッカド電池
Ni-Cd

ニッケル水素電池
Ni-MH

鉛電池

軽量化 →

0 50 100 150 200 250
重量エネルギー密度（Wh/kg）

出典：国立研究開発法人新エネルギー・産業技術総合開発機構（NEDO）『常識を覆す発想で革新的なリチウムイオン電池を開発・東芝株式会社』（URL：https://www.nedo.go.jp/hyoukabu/articles/201901toshiba/）

Point

- 🖊 採掘について独裁的な国での環境や人権問題が指摘されたり、資源の枯渇問題も浮上していたりと、コバルトは使用上の課題が多い
- 🖊 コバルト酸リチウムイオン電池は、高電圧、大容量、エネルギー密度が大きく、自己放電は小さく、サイクル寿命も長いなど、メリットが多い
- 🖊 一方で過充放電に弱く、高温では発火の危険性があること、発火事故を防止するために設計コストが高くなることがデメリットである

≫ リチウムイオン電池の 形状と用途

低コスト・高容量の円筒形

　リチウムイオン電池は、用途に合わせて円筒形、角形、ラミネート形があり、さらにボタン形、ピン形と、小型・軽量化が進んでいます。特に円筒形は一番低コストで、最も高い容量が得られます。1991年に初めて量産化したリチウムイオン電池も円筒形でした。ノートPC、家電用品、電動アシスト自転車、電気自動車など多くの製品で活躍しています。

　コバルト酸リチウムイオン電池の構造は、負極にカーボンを塗布した薄い銅箔を、正極にはコバルト酸リチウムを塗布した薄いアルミニウム箔を、電解質の有機溶媒を塗布したセパレータで巻きこんだ、スパイラル構造（2-12）になっています（図4-11）。また電池内の温度や圧力の上昇による破裂事故防止のため、ニッケル水素電池（3-13、3-14）などと同様に、ガス排出弁がついています。

多様な形状と活躍の場

　角形といっても厚さが薄く、スマートフォンやモバイル音楽プレーヤー、デジカメ、携帯ゲームなどに使用されています。円筒形電池の外缶が鉄製なのに対して、角形はアルミニウムが主流です（図4-12）。

　角形のアルミニウム缶の代わりに、ラミネートフィルムを使ったのが、ラミネート形です。電解質が液体のもの、ゲルの中に液体の電解質を封じ込めたポリマー状のものがあります。ポリマー状の電池は、液漏れがありません（4-12）。ラミネート形は、薄くて、軽量、製造コストも比較的安価です。**重量に対して表面積が広く、放熱性が優れているので、電池の温度上昇を防ぐことが可能**です。そのためドローンや電動バイク、無人搬送車などに採用されています。

　補聴器やワイヤレスイヤホン、リストバンド端末用に、ボタン形やピン形が量産され、リチウムイオン電池の活躍の場は広がっています。

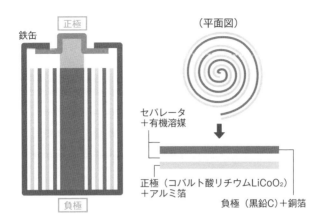

図4-11 円筒形のコバルト酸リチウムイオン電池の略図

（平面図）

鉄缶
正極
負極

セパレータ
＋有機溶媒

正極（コバルト酸リチウムLiCoO₂）
＋アルミ箔

負極（黒鉛C）＋銅箔

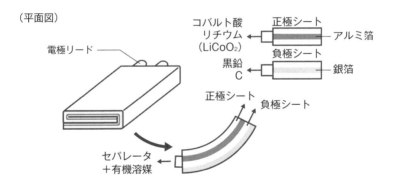

図4-12 ラミネート形のコバルト酸リチウムイオン電池の略図

（平面図）

電極リード

コバルト酸
リチウム
（LiCoO₂）

正極シート
アルミ箔

黒鉛
C

負極シート
銀箔

正極シート
負極シート

セパレータ
＋有機溶媒

Point

- リチウムイオン電池は、用途に合わせて円筒形、角形、ラミネート形、ボタン形、ピン形がある
- 円筒形は一番低コストで、最も高い容量が得られる。1991年に初めて量産化したリチウムイオン電池も円筒形であった
- ラミネート形は、角形のアルミニウム缶の代わりにラミネートフィルムを使ったもので、電解質が液体のものとポリマー状のものがある

≫ リチウムイオン電池の分類

負極活物質による分類

コバルト酸リチウムイオン電池以外にも、リチウムイオン電池には実用化されているものがあります。そのほとんどが**負極活物質に、一番たくさんのリチウムイオンをインターカレーションできる黒鉛が使われています**（図4-13）。

近年では、黒鉛の代わりにチタン酸リチウムが再評価され、負極活物質に用いたリチウムイオン電池が実用化されています。

正極活物質による分類

正極活物質には、電池を組み立てるときにリチウムイオンを外部から供給しなくてもいいように、例えばコバルト酸リチウムのように、リチウムイオンを含有しているものが求められています。

リチウムイオン電池を正極活物質で分類すると、コバルト系、マンガン酸系、リン酸系、三元系（NCM系またはNMC系）、ニッケル系（NCA系）に分類されます（図4-14）。これらの電池では、負極活物質には黒鉛が使用されています。

また車載用には適さなかったコバルト系（**4-5**）以外は、すべて車載用として開発されたものになります。マンガン系はマンガン酸リチウム、リン酸系はリン酸鉄リチウムが代表的な正極活物質となります。

三元系とは、コバルト酸リチウムのコバルトの一部をニッケルとマンガンに置換した、3つの金属元素からなる比較的新しい複合材料です。

ニッケル系とは、酸化ニッケルリチウムのニッケルをベースに、一部をコバルトで置換し、アルミニウムを添加した、3つの金属元素からなる複合材料です。

図4-13	負極活物質による分類

```
                      ┌─ 炭素材料系 ── 黒鉛(グラファイト)
リチウムイオン電池 ──┤
                      └─ チタン系 ── チタン酸リチウム Li₄Ti₅O₁₂
```

図4-14	正極活物質による分類

```
                     ┌─ コバルト系／コバルト酸リチウム LiCoO₂
                     ├─ マンガン系／マンガン酸リチウム LiMn₂O₄
リチウムイオン       ├─ リン酸系／リン酸鉄リチウム LiFePO₄
電池                 ├─ 三元系(NCM系またはNMC系)／LiNiₓMnᵧCo₂O₂
                     └─ ニッケル系(NCA系)／LiNiₓCoᵧAlₓO₂
```

炭素材料系 ── 黒鉛（グラファイト）

チタン系 ── チタン酸リチウム $Li_4Ti_5O_{12}$

コバルト系／コバルト酸リチウム $LiCoO_2$

マンガン系／マンガン酸リチウム $LiMn_2O_4$

リン酸系／リン酸鉄リチウム $LiFePO_4$

三元系（NCM系またはNMC系）／ $LiNi_xMn_yCo_zO_2$

ニッケル系（NCA系）／ $LiNi_xCo_yAl_xO_2$

Point

✎ リチウムイオン電池を負極活物質で分類すると、黒鉛とチタン酸リチウムに分けられる

✎ リチウムイオン電池の正極活物質には、リチウムイオンを外部から供給しなくてもいいように、リチウムイオンを含有したものが求められる

✎ リチウムイオン電池を正極活物質で分類すると、コバルト系、マンガン系、リン酸系、三元系（NCM系またはNMC系）、ニッケル系（NCA系）となる

脱コバルトの
リチウムイオン電池

コバルトフリーで安価が魅力

マンガン酸リチウムイオン電池（LMO）とは、負極活物質に黒鉛、正極活物質にマンガン酸リチウム（$LiMn_2O_4$）を用いた電池です。

コバルト酸リチウムは優れた材料ですが、コバルトには問題がいくつかあるので（**4-5**）、脱コバルトのリチウムイオン電池の開発が進められてきました。開発されたマンガン酸リチウムイオン電池は、コバルト酸リチウムイオン電池には劣るものの、高電圧、高容量です。さらに**正極活物質がコバルトフリーで、主な原材料のマンガンが安価で、環境にもやさしく、製造も安易**であるという利点があります（図4-15）。しかしコバルト酸リチウムイオン電池と比べると、エネルギー密度やサイクル寿命が劣るという欠点もあります。電池反応は次のようになります。

負極：$Li_xC_6 \rightleftarrows 6C + {}_xLi^+ + {}_xe^-$
正極：$Li_{1-x}Mn_2O_4 + {}_xLi^+ + {}_xe^- \rightleftarrows LiMn_2O_4$
反応全体：$Li_xC_6 + Li_{1-x}Mn_2O_4 \rightleftarrows 6C + LiMn_2O_4$

変形しにくいスピネル型結晶構造

正極活物質に用いたマンガン酸リチウムの大きな特色は、結晶構造が強固なスピネル型であるため熱的安定性が高いことです（図4-16）。

例えばコバルト酸リチウムの結晶では、変形しやすい層状岩塩構造のため（**4-5**）、リチウムイオンがインターカレーション反応を繰り返すと、充放電ができなくなってしまいます。

一方のスピネル型ではインターカレーション反応での変形は起こらず、過充放電に耐性があります。そのため急速充放電が可能となり、電気自動車の搭載用に採用されたことがあります。しかし高温下で充放電を繰り返すと、マンガンが溶出しやすく、電気容量の劣化や酸素放出による発火事故（**4-9**）が指摘されています。

図4-15

マンガン平均輸入・輸出価格推移

単位：ドル/t

			2010	2011	2012	2013	2014	2015	2016	2017	2018	2019
原料	鉱石	輸入	344	299	237	244	220	162	146	321	323	299
		輸出	264	-	-	-	*	-	-	-	74	-
素材	金属マンガン（くずを含む）	輸入	3,014	3,701	3,157	2,410	2,277	1,985	1,594	2,024	2,282	2,098
		輸出	26,144	31,273	12,833	12,538	26,798	36,431	18,170	17,814	52,864	37,706
	二酸化マンガン	輸入	1,803	1,986	2,206	2,106	2,088	2,052	2,000	2,231	2,463	2,478
		輸出	2,125	2,318	2,306	2,208	2,140	2,143	1,769	2,040	2,111	2,153

出典：財務省『財務省 貿易統計』（URL：https://www.customs.go.jp/toukei/info/index.htm）をもとに著者が作成

図4-16　　マンガン酸リチウム結晶のスピネル型構造

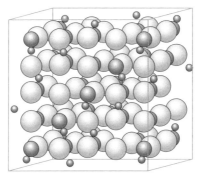

LiM_2O_4（$=Li_{1/2}MO_2$）
（M：ここではMn）
$Li/M=0.5$

出典：ITmedia NEWS『リチウムイオン充電池用の正極に新材料　コバルトを3分の1に削減』
（URL：https://www.itmedia.co.jp/news/articles/0404/01/news085.html）

※それぞれ次を意味する

◯ =O　● =M　• =Li

Point

- マンガン酸リチウムイオン電池は、高電圧、高容量、原材料が安価で環境に優しく、製造も安易であるが、コバルト酸リチウムイオン電池と比べエネルギー密度やサイクル寿命が劣る
- マンガン酸リチウムは、結晶構造が強固なスピネル型であるため、インターカレーション反応による変形は起こらず、熱的安定性が高い
- 高温下で充放電を繰り返すと、マンガンが溶出しやすく、電気容量の劣化や酸素放出による発火事故が指摘されている

世界的電気自動車メーカーに選ばれたリチウムイオン電池

安全性の高いオリビン型

　リン酸鉄リチウム電池（LFP）とは、負極活物質に黒鉛、正極活物質にリン酸鉄リチウム（$LiFePO_4$）を用いた電池です。

　正極活物質のリン酸鉄リチウムの最大の利点は、酸素とリンが強く結合した、オリビン型結晶構造であることです（図4-17）。そのためリチウムのインターカレーション反応による結晶の変形が起こらず、電気自動車に必要不可欠な急速充放電が可能となり、自己放電が小さいため長期保存が可能で、サイクル寿命も長めです。さらに**発火原因となる酸素が放出されないので、含まれる酸素原子が容易に離れて燃焼・爆発を起こすマンガン系（4-8）よりも、電池の熱的安定性がさらに高くなります。**

　何より主な原材料が鉄とリンであるため、マンガン系よりも安価に製造でき、資源の枯渇や環境の問題がないことも魅力です。電池反応は次のようになります。

負極：$Li_xC_6 \rightleftarrows 6C + xLi^+ + xe^-$
正極：$Li_{1-x}FePO_4 + xLi^+ + xe^- \rightleftarrows LiFePO_4$
反応全体：$Li_xC_6 + Li_{1-x}FePO_4 \rightleftarrows 6C + LiFePO_4$

話題の企業の採用で大注目!

　一方で、リン酸鉄リチウム電池には、電圧とエネルギー密度が低いという欠点がありました。これはリン酸鉄リチウムの導電性が低いためで、瞬間的に大きなパワーを必要とする電気自動車には不向きだと指摘されていました。

　しかし研究開発の結果、活物質の微粉化やカーボン粉の被覆などで、エネルギー密度の問題は改善されてきました。さらに他の金属を加えて改良されたものが、テスラ（米）の電気自動車に採用されたことで話題になり、世界中で注目を集めています（図4-18）。

図4-17 **リン酸鉄リチウムイオン電池のオリビン型結晶構造**

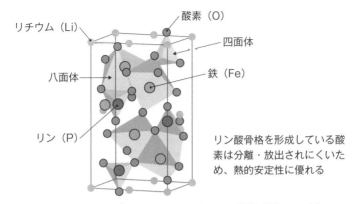

出典：白石拓『最新 二次電池が一番わかる』（技術評論社、2020年）p.161

図4-18 **電気自動車でのリン酸鉄リチウムイオンの利用例**

出典：TESMANIAN『Tesla Model Y with Structural Battery May Already Be in Production, Owner's Manual Hints』（URL：https://www.tesmanian.com/blogs/tesmanian-blog/tesla-model-y-with-structural-battery-may-already-be-in-production-owner-s-manual-hints）

Point

- 正極のリン酸鉄リチウムはオリビン型結晶構造で、リチウムイオンのインターカレーション反応による結晶の変形がなく、急速充放電が可能
- マンガン系の電池のように発火原因となる酸素が放出されないので、電池の熱的安定性が高く、安全性が高い
- リン酸鉄リチウム電池は、電気自動車には不向きだとされてきたが、改良されたものがテスラの電気自動車に採用され、注目を集めている

コバルト系の欠点を補った リチウムイオン電池

三種類を混合してパワーアップ

三元系（NCM系またはNMC系）リチウムイオン電池とは、負極活物質に黒鉛、正極活物質に三元系と呼ばれる「ニッケル・コバルト・マンガン複合酸化リチウム」を用いた電池です。

ニッケル・コバルト・マンガン複合酸化リチウム（$LiNi_xCo_yMn_zO_2$）とは、コバルト酸リチウム（$LiCoO_2$）のコバルトの一部をニッケルとマンガンに置き換えて、強度を強めたものです（図4-19）。

ニッケル、コバルト、マンガンはそれぞれリチウムをインターカレーション反応できる元素ですが、個々に欠点があります。そこで**三種を混合することで、個々の欠点を解消するために誕生した**のが、三元系という材料です。三種類の元素の割合は、現在も研究開発の中でさまざまなものが検討されています。元素の割合によって若干の性能の違いがありますが、ここで三種混合の割合はxyzと示します。

三元系に含まれるマンガンは、+4価のマンガンイオンの状態で存在し、リチウムイオンのインターカレーション反応には関与せず、材料中で格子の維持の働きをしています。三元系のリチウムのインターカレーション反応においては、ほとんどがニッケルとの酸化還元反応で、マンガン酸リチウムイオン電池のようにマンガンとは反応しないとわかっています。

コバルト系の問題を改善

三元系の結晶は層状岩塩構造ですが、元素の割合によって、安定化して変形しにくい構造が得られました。これを正極に用いた三元系リチウムイオン電池は熱的安定性に優れており、サイクル寿命も長く、ハイブリッド車や一部の電気自動車に採用されています（図4-20）。

しかし過充電や物理的騒動でショートする危険性は残っていると指摘されています。

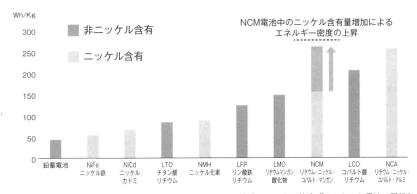

図4-19 ニッケル含有電池と非含有電池のエネルギー密度の比較

出典：ニッケル協会『ニッケルと電池の関係』
（URL：https://www.nickel-japan.com/magazine/pdf/Nickel_Battery_JP.pdf）

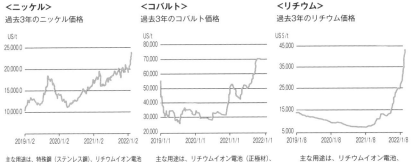

図4-20 ニッケル、コバルト、リチウムの価格推移

出典：経済産業省『蓄電池産業の競争力強化に向けて』
（URL：https://www.meti.go.jp/policy/mono_info_service/joho/conference/battery_strategy/0002/03.pdf）

Point

🖊 三元系リチウムイオン電池とは、正極に三元系と呼ばれる「ニッケル・コバルト・マンガン複合酸化リチウム」を用いた二次電池である

🖊 三元系の結晶は層状岩塩構造だが、元素の割合によって、安定化して変形しにくい構造が得られた

🖊 三元系リチウムイオン電池は熱的安定性に優れており、サイクル寿命も長く、ハイブリッド車や一部の電気自動車に採用されている

≫ ニッケル系の欠点を補った リチウムイオン電池

ニッケル酸リチウム電池の欠点を改善

　ニッケル系（NCA系）リチウムイオン電池とは、負極活物質に黒鉛、正極活物質にニッケル系（NCA系）と呼ばれる「ニッケル・コバルト・アルミニウム複合酸化リチウム」を用いた電池です。

　コバルトフリーの正極材料が求められる中で、酸化ニッケル酸リチウム（$LiNiO_2$）を用いたニッケル酸リチウム電池が開発されました。この電池は低コスト、大容量ですが、サイクル寿命が小さく、充電時の熱安定性が悪いという欠点がありました。

　これらの欠点を改善するために、ニッケルの一部をコバルトに置き換え、さらに耐熱性を高めるためにアルミニウムを添加したのが、ニッケル系と呼ばれる材料（$LiNi_xCo_yAl_zO_2$）です（図4-21）。元素の割合によって若干の性能の違いがありますが、ここで割合をxyzと示します。

　ここでアルミニウムは、活物質としてリチウムイオンのインターカレーション反応に関与しないので、添加することで正極の容量は低下しますが、コバルトが補ってくれます。このようにニッケル系では、構成元素の割合によって正極の性能が変わってくるので、最適な割合を見つけることが重要となり、現在も研究が進められています。

走行距離重視の車に採用された理由

　ニッケル系は層状岩塩構造ですが、元素の割合によって、安定性が高く変形に強い構造が得られました。これを正極に用いたニッケル系リチウムイオン電池は、**熱的安定性が高く、高容量、サイクル寿命が大きく、エネルギー密度が高い**という利点があります（図4-22）。

　安全性が確保されたことから、走行距離を重視したプラグイン・ハイブリッド車の搭載に採用されました。

| 図4-21 | ニッケル系と三元系の構成成分の一例 |

正極の組織：

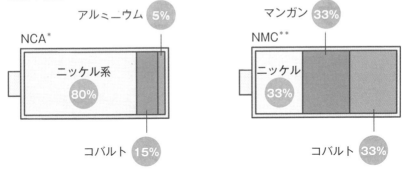

* NCA：ニッケル・コバルト・アルミニウム
** NMC：ニッケル・マンガン・コバルト

出典：ニッケル協会『ニッケルと電池の関係』
(URL：https://www.nickel-japan.com/magazine/pdf/Nickel_Battery_JP.pdf)

| 図4-22 | リチウムイオン電池の性能の比較 |

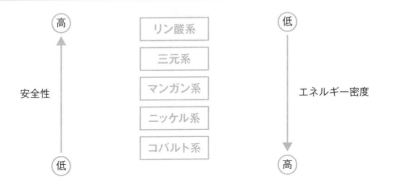

Point

- ニッケル系リチウムイオン電池は、正極にニッケル系と呼ばれるニッケル・コバルト・アルミニウム複合酸化リチウムを用いた二次電池である
- ニッケル系は層状岩塩構造だが、元素の割合によって、安定性が高く変形に強い構造が得られた
- 熱的安定性が高く、高容量、サイクル寿命が大きく、エネルギー密度が高いことから、プラグイン・ハイブリッド車の搭載に採用された

》 ラミネート防護された リチウムイオン電池

電解質をゲル化させる

リチウムイオンポリマー電池（ゲルポリマー二次電池）とは、電解質の有機溶媒を多孔質のポリマー（高分子が鎖状や網目状に結合した分子）に含ませてゲル化したものです（図4-23）。ゲル状でも、電解質のイオン伝導率は液体とほぼ同じです。このゲル状電解質はセパレータとしても機能します。電極材料や電池反応のしくみは、基本的に同じ電極材と電解質を用いたリチウムイオン電池と変わりません。

また負極活物質の亜鉛や正極活物質のコバルト酸リチウムなどリチウム酸化物も、ゲル状高分子電解質と混合して固められます。その結果、電極内でのリチウムイオンの移動と導電性が高まります。

厳重パックで事故予防

リチウムイオンポリマー電池は、同じ種類のリチウムイオン電池の従来型の1.5倍のエネルギー密度があるとされています。これに加えて、**軽くて、薄くて、どのような形状の製品にも加工可能で、折り曲げることができるほどの柔軟性を持っています**。

また電解質が準固体状態で液漏れしにくく、厳重にアルミニウムと合成樹脂などを多層にして貼り合わせたラミネートフィルムに包まれているので、万が一の液漏れやガス発生でも破裂の危険性はありません（図4-24）。そのため**安全性が高く、スマートフォンや、一部の電気自動車への搭載に採用されています**。

しかし用途ごとに設計管理が必要で、他の用途への転用が難しくなります。さらに製造コストも高くなってしまいます。

図4-23　ゲルポリマーの構造

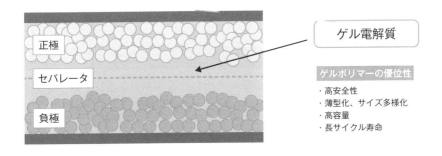

ゲル電解質

ゲルポリマーの優位性
・高安全性
・薄型化、サイズ多様化
・高容量
・長サイクル寿命

正極
セパレータ
負極

図4-24　リチウムイオンポリマー電池の基本構造

ゲル状電解質（セパレータとして機能）
（ポリマー＋電解質）

正極外装材
（ラミネートフィルム）
正極集電体
正極活物質

負極活物質
負極集電体
負極外装材
（ラミネートフィルム）

Point

- リチウムイオンポリマー電池は、形状がラミネート形で、電極材料や電池反応のしくみは、基本的に他のリチウムイオン電池と変わらない
- リチウムイオンポリマー電池は、電解質がゲル化され、準固体状態で液漏れしにくく、厳重に多層にしたラミネートフィルムに包まれている
- 安全性が高く、一部の電気自動車に採用されているが、用途ごとに設計管理が必要で、他の用途への転用が難しいため、製造コストが高い

》 黒鉛以外の負極活物質を用いた リチウムイオン電池

再評価されたチタン酸リチウム

大半のリチウムイオン電池の負極活物質には黒鉛（**4-2**）が用いられていますが、チタン酸リチウムを用いた二次電池も登場しています。

スピネル型の結晶を持つチタン酸リチウムは、リチウムをインターカレーション反応できるのですが、負極活物質に用いた場合の電圧の低さから注目されていませんでした。しかし**結晶格子が強固で、インターカレーション反応による変形が生じないので、充放電が安定し、サイクル寿命が長くなります。** さらに金属リチウムの析出がほとんどなく、デンドライトの発生の心配がありません。

両極にスピネル型を使用

チタン酸系リチウムイオン電池（LTO）で最も普及しているのは、2008年に日本で商品化されたSCiBです（図4-25）。これは負極活物質にチタン酸リチウム、正極活物質にスピネル型結晶構造のマンガン酸リチウム（**4-8**）を用いています（図4-26）。

安全性が高く、低温での作動や急速充電が可能であることから、ハイブリッド車や大規模蓄電システムに採用されました。

しかしチタン酸リチウムは絶縁体なので、伝導性をよくするための炭素コーティングが必要となり、製造コストが高くなります。

チタン酸リチウムを負極に用いた電池

SCIB以外のチタン酸系リチウムイオン電池には、正極活物質にコバルト酸リチウムを用いた、コバルト・チタン・リチウム二次電池が実用化されています。またリン酸鉄リチウム、三元系材料、リチウム・ニッケル・マンガン酸化物などを正極活物質に用いた電池もあります。

図4-25

図4-25 **SCiBの外観**

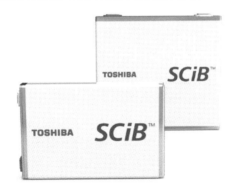

出典：東芝株式会社『二次電池SCiB』（URL：https://www.global.toshiba/jp/products-solutions/battery/scib.html）

図4-26 **SCiBの構造の略図**

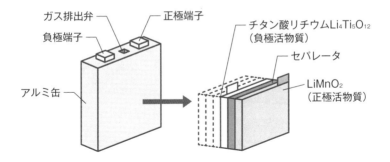

ガス排出弁　正極端子　チタン酸リチウム$Li_4Ti_5O_{12}$（負極活物質）

負極端子　セパレータ

アルミ缶　$LiMnO_2$（正極活物質）

Point

- 負極活物質には、大半のリチウムイオン電池が黒鉛を用いているが、チタン酸リチウムを用いた二次電池も登場している
- 2008年に日本で商品化されたSCiBは、安全性が高く、低温での作動や急速充電が可能であることから、ハイブリッド車や大規模蓄電システムに採用された
- チタン酸リチウムは絶縁体なので、伝導性をよくするための炭素コーティングが必要となり、製造コストが高くなる

» リチウム合金を用いた リチウム二次電池①

金属リチウムを合金化

　負極活物質に金属リチウムを用いるとデンドライトが発生するため（**4-1**）、代わりにリチウム合金を用いた二次電池が開発されています。この電池は、小容量のコイン形電池のみで商品化されています（図4-27）。

正極に二酸化マンガンを活用

　二酸化マンガンリチウム二次電池とは、負極活物質にリチウム・アルミニウム合金（LiAl）、正極活物質に層状構造を持つ二酸化マンガン、電解質には有機溶媒を用います（図4-28）。放電時の負極では、二酸化マンガンリチウム一次電池と同様に（**2-12**）、リチウムが電解質に溶け出し、リチウムイオンとなって酸化されます。リチウムイオンは電解質中を正極側に移動し、二酸化マンガンとインターカレーション反応し、還元されます。充電時には、逆の反応となります。

負極：$LiAl \rightleftarrows Al + Li^+ + e^-$
正極：$MnO_2 + Li^+ + e^- \rightleftarrows MnO_2Li$
反応全体：$MnO_2 + LiAl \rightleftarrows MnO_2Li + Al$

バックアップ電源で活躍中

　正極の二酸化マンガンは、充放電の繰り返しにより劣化するので、改質されたものを用いることで、**公称電圧も3Vと高く、サイクル寿命も長く、自己放電も小さくなりました**。PCやデジカメなどのバックアップ電源、ポータブル電子機器の電源に使用されています。
　よく似た電池に、負極にリチウム・アルミニウム合金、正極にスピネル型構造のマンガン酸リチウム、公称電圧3Vのマンガンリチウム二次電池があります。

| 図4-27 | コイン形二酸化マンガン・リチウム二次電池の構造 |

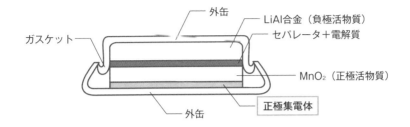

| 図4-28 | 二酸化マンガンリチウム二次電池の充放電反応の構造 |

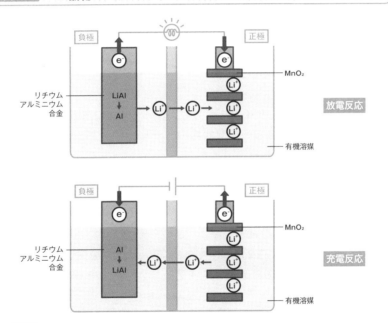

Point

- リチウム合金を用いることで、デンドライト発生がないリチウム二次電池が誕生した。これは小容量のコイン形電池のみで商品化されている
- 二酸化マンガンリチウム二次電池は、負極にリチウム・アルミニウム合金、正極に二酸化マンガンを用いている
- 二酸化マンガンリチウム二次電池は公称電圧が3Vと高く、サイクル寿命も長く、自己放電も小さい

リチウム合金を用いた リチウム二次電池②

正極に五酸化バナジウムを活用

バナジウム・リチウム二次電池（VL）とは、負極活物質にリチウム・アルミニウム合金、正極活物質に五酸化バナジウム（V_2O_5）を用いたコイン形の二次電池です（図4-29）。層状構造を持つ五酸化バナジウムは、リチウムイオンとインターカレーション反応します。正極の化学反応は次のようになります。

正極：$V_2O_5 + xLi^+ + xe^- \rightleftarrows Li_xV_2O_5$

公称電圧3Vと高く、サイクル寿命も大きくて、自己放電も少ないため、PCやスマートフォンなどの通信機器のメモリーバックアップ電源、火災報知器などの電源に使われています。

正極に五酸化ニオブを活用

ニオブ・リチウム二次電池（NBL）とは、負極活物質にリチウム・アルミニウム合金、正極活物質に五酸化ニオブ（Nb_2O_5）を用いたコイン形の二次電池です（図4-30）。五酸化ニオブもリチウムイオンとインターカレーション反応します。

公称電圧2Vとなり、バナジウム・リチウム電池より低いのですが、自己放電率が同じぐらいで、液漏れしにくいという利点があり、スマートフォンの電源、各種電子機器の補助電源やメモリーバックアップ電源として使用されています。

ニオブ系リチウム二次電池には、五酸化ニオブを負極活物質に用いた電池もあります。例えば負極に五酸化ニオブ、正極活物質に五酸化バナジウムを用いたバナジウム・ニオブ・リチウム二次電池が開発されています。

図4-29 **コイン形バナジウム・リチウム二次電池の外観**

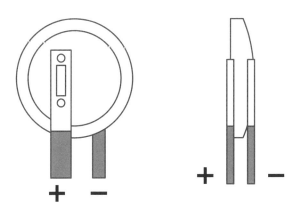

出典：パナソニック エナジー『リチウム電池の端子について』
（URL：https://industrial.panasonic.com/cdbs/www-data/pdf/AAF4000/ast-ind-181247.pdf）

図4-30 **コイン形ニオブ・リチウム二次電池の構造の略図**

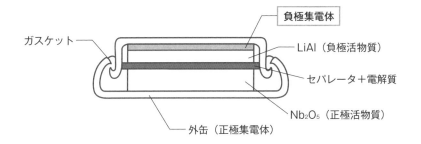

負極集電体

ガスケット

LiAl（負極活物質）

セパレータ＋電解質

Nb_2O_5（正極活物質）

外缶（正極集電体）

Point

- バナジウム・リチウム二次電池とニオブ・リチウム二次電池は、どちらも負極にリチウム・アルミニウム合金、正極にはそれぞれ五酸化バナジウム、五酸化ニオブを用いており、コイン形である
- バナジウム・リチウム二次電池は、公称電圧3Vと高く、サイクル寿命も大きい
- ニオブ・リチウム二次電池は、公称電圧が2Vでバナジウム・リチウム電池より低いが、自己放電率が同じぐらいで液漏れしにくい

電気自動車普及のカギ！ポスト・リチウムイオン電池

次世代の二次電池の大本命

2050年のカーボンニュートラルの実現（**7-2**）には、電気自動車の普及が重要です。この普及のカギを握るのがリチウムイオン電池を超える次世代の二次電池の登場であり、最も有力視されているのが全固体電池（全固体リチウム蓄電池）です。全固体電池とは、**電池を構成する材料すべてが固体の電池で、リチウムイオン電池を改良したもの**です。従来のリチウムイオン電池は、電極が固体で、電解質が液体の燃焼性のある有機溶媒です。リチウムイオン電池事故の多くは、電解質の液漏れや高温でのガス発生による爆発・燃焼によるものです。

そこで研究により、従来の電解質の欠点を補うセラミックスやガラスに近い物質であるのに、イオン伝導性のある、固体電解質の材料が見つかりました。その材料には、大きく分けて硫化物系と酸化物系があり、特に有力なのが導電性の高い硫化物系です（図4-31）。しかし比較的発火しやすく、水に弱いという欠点があり、酸化物系の研究開発も進められています。

固体電解質の材料は、さらにガラス材料、結晶材料、ガラスセラミックスに分けられ、特にガラスセラミックスは高いイオン伝導率となります（図4-32）。また活物質の形状には、薄膜型とバルク型が開発されています（図4-33）。バルク型は電極が厚く、容量が大きくなります。薄膜型の方が電気は流れやすいのですが、容量が小さくなるので、薄膜の積層化や大面積化が必要となります。

圧倒的にすごい全固体電池

全固体電池は、同じ体積のリチウムイオン電池と比べると、航続距離が2倍、大電流での急速充電が可能となり、充電時間がリチウムイオン電池の3分の1程度に短縮されます。電解質の事故問題も解決され、安全性が高くなります。しかし電池の寿命が短い、量産化の技術の確立など、課題が残っています。

図4-31 電解質の材料で2つに分類

全固体電池 ── 硫化物系
　　　　　── 酸化物系

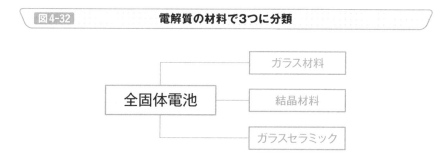

図4-32 電解質の材料で3つに分類

全固体電池 ── ガラス材料
　　　　　── 結晶材料
　　　　　── ガラスセラミック

図4-33 活物質の形状で分類

全固体電池 ── 薄膜型
　　　　　── バルク型

Point

- 全固体電池とは、構成する材料すべてが固体のリチウムイオン電池を改良した電池で、電気自動車普及へのカギを握るとされている
- 固体電解質の材料は、硫化物系と酸化物系、ガラス材料と結晶材料、高いイオン伝導率を持つガラスセラミックスに分けられる
- 全固体電池は、リチウムイオン電池よりも航続距離が長くなり、大電流での急速充電の実現、充電時間の短縮、安全性が実現する

期待が高まる最高のエネルギー密度を誇るリチウム二次電池

金属空気電池の原理を応用

　デンドライト事故以降も、研究開発中が続く金属リチウムを用いた二次電池の中で、有力なものとしてリチウム空気二次電池があります。空気中の酸素を正極活物質に用いる金属空気電池には、一次電池の空気亜鉛電池が実用化されています（**2-10**）。そこで金属リチウムを用いて、充電可能な空気電池を目指しているのが、リチウム空気二次電池です。

最高のエネルギー密度

　リチウム空気電池は、負極活物質に金属リチウム、正極集電体に炭素微粒子などの多孔質炭素材料、正極活物質は空気中の酸素となります。放電時には、負極から溶け出したリチウムイオンが、正極で酸素と反応して過酸化リチウムを生成します（図4-34）。充電時には逆の反応となります（図4-35）。

負極：$Li \rightleftarrows Li^+ + e^-$
正極：$2Li^+ + 2e^- + O_2 \rightleftarrows Li_2O_2$
反応全体：$2Li + O_2 \rightleftarrows Li_2O_2$

円滑には進まない電池反応

　リチウム空気電池が実現したら、負極活物質にイオン化傾向最大の金属リチウム、正極活物質が空気なので、**最高のエネルギー密度を誇る**電池になると考えられます。しかもコバルトなどの効果な金属を使用しないので製造コストも安くなります。

　しかし現状は、**サイクル寿命が短く、充放電の効率が悪い**という指摘があり、リチウムと酸素の電池反応の触媒の開発などが進められています。他にも負極活物質に亜鉛やアルミニウム、マグネシウムを用いた空気二次電池の開発が進められていますが（**3-23**）、実用化には至っていません。

図4-34 **リチウム空気二次電池の放電反応のイメージ図**

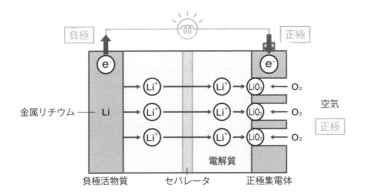

図4-35 **リチウム空気二次電池の充電反応のイメージ図**

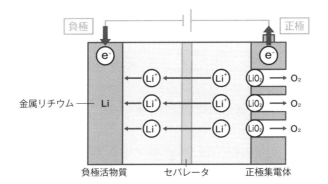

第
4
章

期待が高まる最高のエネルギー密度を誇るリチウム二次電池

Point

- 一次電池の空気亜鉛電池の原理を応用して、充電可能な電池を作ろうと研究開発中なのがリチウム空気二次電池である
- リチウム空気電池は負極にイオン化傾向最大の金属リチウム、正極に空気を用いるので、エネルギー密度最大の電池になると考えられている
- 亜鉛空気二次電池、アルミニウム空気二次電池、マグネシウム空気二次電池の開発も行われているが、実用化されていない

大型化も小型化も可能な リチウム二次電池

実現すれば、大型化も超小型化も可能

　リチウムイオン電池の大躍進の影で下火になっている、金属リチウムを用いた二次電池（**4-1**）ですが、一部で研究開発が続いているものに、リチウム硫黄電池があります。

　リチウム硫黄電池では、負極活物質に金属リチウム、正極活物質に硫黄化合物、電解質は有機溶媒などを用いています（図4-36、図4-37）。この電池が実現すれば、**大容量であること以外にも、硫黄が安価であるため、大型化の量産も可能**になります。またリチウムイオン電池よりもエネルギー密度が高くなり、ドローン用なども、より軽量の電池開発が可能となります。

電池反応による中間生成物

　リチウム硫黄電池の実用化の課題には、まずデンドライト発生があります。さらに放電時にできる中間生成物が電解質に溶け出して、電池を劣化させる問題があります。

　放電時、正極では硫黄がリチウムイオンによって還元されますが、反応の途中で中間生成物である多硫化リチウムが電解質に溶け出してしまいます。溶けた多硫化リチウムイオンが拡散すると、負極で金属リチウムが酸化され、一部が金属リチウムを被覆し、また一部が正極に戻って酸化反応を引き起こします。その結果、電極の電気容量が減少したり、充放電の効率が低下したりしてしまうのです。

　こうした問題を防ぐために、セパレータによるデンドライトのブロック、固体電解質など新しい電解質の開発が進められていますが、未だに実用化には至っていません。

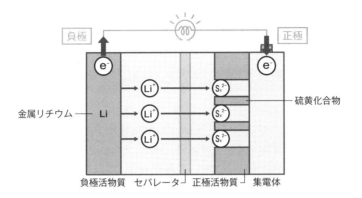

図4-36 リチウム硫黄電池の放電イメージ図

負極　　　　　　　　　　　　　　正極

金属リチウム —— Li

硫黄化合物

負極活物質　セパレータ　正極活物質　集電体

図4-37 リチウム硫黄電池の充電イメージ図

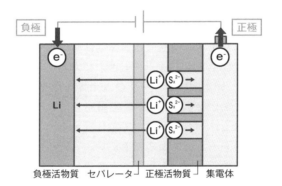

負極　　　　　　　　　　　　　　正極

Li

負極活物質　セパレータ　正極活物質　集電体

Point

🖉 金属リチウムを用いた二次電池の中で、現在でも研究開発が続けられて
いるものに、リチウム硫黄電池がある

🖉 リチウム硫黄電池が実現すれば、リチウムイオン電池よりも製造コスト
が安く、エネルギー密度も大きいので、大型化も超小型化も可能となる

🖉 リチウム硫黄電池の実現には、デンドライト発生、放電時にできる中間
生成物が電解質に溶け出して、電池を劣化させるなどの問題が残る

165

次世代電池の有力候補！非リチウムイオン電池

リチウムに似た金属

　リチウムと電子配合がよく似た金属にナトリウムがあります。ナトリウムは安価で、豊富に存在し、リチウムの次に電子を放出して+1価の陽イオンになりやすい性質があります。そこでリチウムイオン電池と同じ原理で、ナトリウムイオン電池（NIB）の開発が進められてきましたが、リチウムイオン電池の大躍進の影で、下火になっていました。しかし**電気自動車搭載用のバッテリー需要や、2020年代からのリチウムの埋蔵量のひっ迫、価格上昇などにより、再び研究開発が活発化**しています。

世界最大の蓄電池メーカーが注目

　基本的なナトリウムイオン電池は、負極活物質にハードカーボンを基本とした炭素材料、正極活物質には、さまざまなナトリウム酸化物が試されています（図4-38、図4-39）。ナトリウムイオンの体積は、リチウムイオンよりも約2倍大きくなります。そこで黒鉛ではなく樹脂やその組織物を炭化させて得られるハードカーボンであれば、粒子の大きいナトリウムイオンをインターカレーション反応できます。

　電解質に全固体電解質も用いた研究も進んでおり、特に全固体ナトリウムイオン電池は、世界最大の蓄電池メーカーである中国のCATLも商品化を決定したことで、話題になりました。

エネルギー密度が低いが、利点が多い

　ナトリウムイオン電池は、エネルギー密度が低いという欠点があります。しかし急速充電が早い、使用可能温度が広く、サイクル寿命が大きいなど、性能の改良が進んでいます。コスト面を考えると、リチウムイオン電池ほどのパワーが求められない場所での活躍が予想されます。その他カリウムイオン電池も、研究開発が進められています。

図4-38 **ナトリウムイオン電池の放電イメージ図**

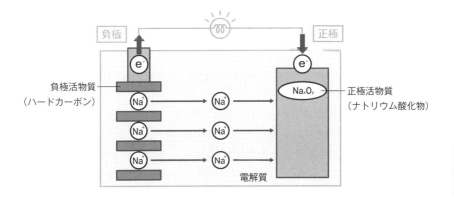

図4-39 **ナトリウムイオン電池の充電イメージ図**

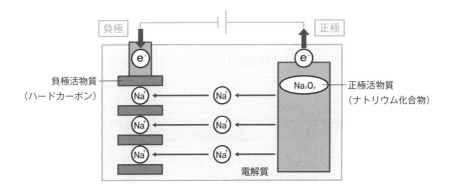

第4章

次世代電池の有力候補！　非リチウムイオン電池

Point

✎ リチウムとよく似た性質を持ち、安価で地球上に豊富に存在するナトリウムをリチウムの代わりに使ったのが、ナトリウムイオン電池である

✎ 全固体ナトリウムイオン電池は、世界最大の蓄電池メーカーCATL（中国）が商品化を決定して話題となった

✎ ナトリウムイオン電池は、急速充電が早くて、使用可能温度が広く、サイクル寿命が大きいなどの利点があり、コスト面を考えると、活躍が期待される

期待が高まる大容量で安全な非リチウムイオン電池

安価で豊富な金属を求めて

2020年代から始まったリチウムの埋蔵量のひっ迫、市場価格上昇により、脱リチウムの動きが活発になってきています。リチウムの代わりに、資源量も豊富で、製造コストの安い電池が求められています。

そこで注目されたのが、リチウムやナトリウムのような1価のイオンではなく、マグネシウム（Mg^{2+}）やカルシウム（Ca^{2+}）、亜鉛（Zn^{2+}）、アルミニウム（Al^{3+}）のような多価イオンを用いた二次電池です（図4-40）。

これらは1個のイオンが2個以上の電荷を運ぶことになります。つまり多価イオン電池はリチウムイオン電池よりも2倍、3倍の大容量になる可能性があります（図4-41）。さらに多価イオン金属は、**安全性が高く、高温による発火・爆発などの危険がありません。**資源が豊富で、製造コストも安いという利点もあります。

新たな金属の発見に期待

しかしマグネシウムなどの多価イオン金属は、一度他の金属の元素と結合すると離れにくいという性質を持っています。そのため電圧が低く、多価イオンであるため**電解質中や電極でのイオンの移動速度が遅いため、インターカレーション反応ができず、瞬発力が低い**という欠点があります。また1価のイオン電池よりはデンドライト（**4-1**）の発生がしにくいとはいえ、電池によってはその危険性が残ります。

今のところ多価イオン金属の中で、活物質に用いた場合に、繰り返し充放電可能な、サイクル寿命の長い金属は見つかっていません。しかし適切な金属や電解質、電極材が見つかれば可能性がありますので、引き続き、今後の研究を見守りたいところです。

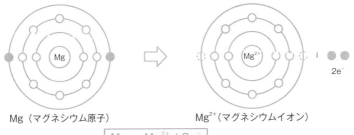

図4-40 マグネシウムイオンの電子配置図

Mg（マグネシウム原子）　　　　Mg²⁺（マグネシウムイオン）

$$Mg \rightarrow Mg^{2+} + 2e^-$$

図4-41 ポスト・リチウムイオン電池のエネルギー密度の比較

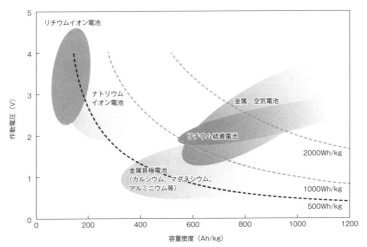

リチウムイオン電池

ナトリウム
イオン電池

金属・空気電池

リチウム硫黄電池

金属負極電池
（カルシウム、マグネシウム、
アルミニウム等）

2000Wh/kg

1000Wh/kg

500Wh/kg

作動電圧（V）

容量密度（Ah/kg）

出典：丸林良嗣『次世代二次電池に関する研究開発動向調査』三重県工業研究所 研究報告 No.39（2015）
（URL：https://www.pref.mie.lg.jp/common/content/000417091.pdf）

Point

- 電池の活物質に多価イオン金属を用いると、リチウムイオン電池よりも2倍、3倍の大容量になる可能性がある
- 多価イオン金属は、一度他の金属の元素と結合すると離れにくいため、電圧が低く、またイオンの移動速度が遅いため、瞬発力が低い
- 今のところ多価イオン金属の中で、活物質に用いて、繰り返し充放電可能なものは見つかっていない

» 2つの電池をハイブリッドした リチウム系電池

物理電池と化学電池のかけ合わせ

電気二重層キャパシタ（**6-8**）とリチウムイオン電池（**4-2**）をかけ合わせたような原理で充放電を行うのが、リチウムイオンキャパシタ（LIC）です。

リチウムイオンキャパシタの負極活物質は、リチウムイオンをインターカレーション反応できる黒鉛を用います。正極活物質には、電気二重層キャパシタと同様に、多孔質の活性炭素などを、電解質は有機溶媒を用います。

インターカレーションと電気二重層

リチウムイオンキャパシタの負極ではリチウムイオンのインターカレーション反応が、正極では電気二重層の形成が行われます（**6-9**）。

充電時の負極では、電解質中のリチウムイオンが黒鉛に吸蔵されます（図4-42）。このとき電解質中の陰イオンは正極へ移動します。正極では、誘電分極により正電荷の正孔と、負極から移動してきた陰イオンが引き寄せられて、電気二重層が形成され、キャパシタが充電した状態になります。

放電時の負極では、リチウムイオンが黒鉛から放出され、電解質中に拡散します（図4-43）。正極では、負極から電子が流れて来て、正孔がなくなり、陰イオンが界面を離れて、電解質中に拡散します。これがキャパシタの放電した状態となります。

従来の電池より性能アップ

リチウムイオンキャパシタでは、**電気二重層キャパシタと比べて、エネルギー密度が高く、高温での耐久性も大きく**なりました。またリチウムイオン電池のような熱による膨張・爆発もなく、電極の劣化や自己放電も少なく、サイクル寿命も長くなりました。自動車や産業機器の電源・補助電源や緊急時のバックアップ電源などでの活躍が期待されます。

図4-42 リチウムイオンキャパシタの充電反応の構造

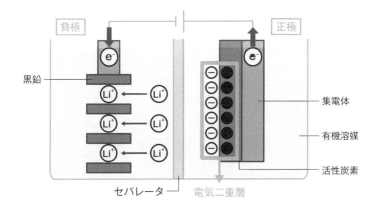

図4-43 リチウムイオンキャパシタの放電反応の構造

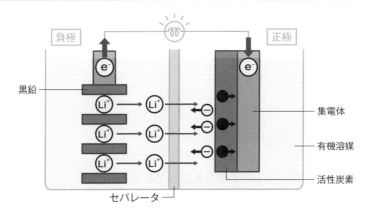

Point

🖉 リチウムイオンキャパシタは、電気二重層キャパシタとリチウムイオン電池をかけ合わせたような原理で充放電を行う

🖉 リチウムイオンキャパシタの負極ではリチウムイオンのインターカレーション反応、正極では電気二重層の形成により、充放電が行われている

🖉 電気二重層キャパシタより、エネルギー密度が高く、高温での耐久性も大きいので、熱による膨張・爆発もなく、電極の劣化や自己放電も少なく、サイクル寿命も長い

やってみよう

ベランダ発電に必要な道具について考えてみよう

　災害時の停電対策や環境保護、少しでも電気代を賄いたいなどの理由により、自宅で太陽電池による発電が注目されています。最近では賃貸のベランダでも気軽に発電できる商品があります。ここでは、目的や環境にあわせてベランダ発電に必要な機材を考えてみましょう。

ベランダ発電に必要なもの

・太陽電池（ソーラーパネル）
・チャージコントローラー[1]
・ケーブル

・インバータ[2]
・バッテリー（鉛蓄電池、リチウムイオン電池など）

以下の質問について、それぞれ答えてみてください。

❶どのように使いたいですか？

（例）普段から在宅勤務に使う電力を太陽電池で賄いたい

❷充電したい家電製品の消費電力を調べてみましょう。

（例）スマホやタブレットの消費電力は約10W、ノートPCの消費電力は20～30W、蛍光灯は10～40W、石油ファンヒーターは20～100W

❸充電したい家電の使用時間を想定し、必要な電力を計算しましょう。

（例）ノートPC20W、蛍光灯10Wを6時間ぐらい使いたい、ノートPC：20W×6時間＝120Wh、蛍光灯：10W×6時間＝60Wh、合計：120Wh＋60Wh＝180Wh

※1　バッテリーへの充電を調整し、劣化や火災を防ぐもの。
※2　バッテリーの直流電流を家庭用と同じ交流電流に変換するもの。

クリーンで安全な発電装置となる電池

～次世代のエネルギー問題を支える燃料電池～

第 **5** 章

≫ 水と電気を生み出す電池

燃やさない「燃料」？

　一次電池と二次電池は、活物質の化学反応により電気を取り出す電池です。それに対して燃料電池は、燃料と酸素などを補給し続ければ、継続的に電気を作り出す、発電装置のような電池です。「燃料」の名称から、何か燃やすように思えますが、実際には**火は使わず、水素と酸素の化学反応から電気を取り出す化学電池**です。生成物は、ほぼ水だけで排ガスなどがないクリーンで安全なエネルギーなのです（図5-1）。

逆転の発想

　燃料電池の原理は、水の電気分解から始まります。水に電気を通したら、水素と酸素にわかれて、負極から水素の、正極から酸素の気泡が出てきます。その逆をすれば、つまり水素と酸素から水を作ったら、電気が生まれます。こうした逆転の発想から、燃料電池は誕生したのです。

　水素は普通に酸素と反応させると、熱エネルギーを得るため、爆発することはよく知られています。そこで水素と酸素の反応する場所を別々に分けると、熱の代わりに電気エネルギーが得られます（図5-2）。

次世代のエネルギーとして大注目

　燃料電池の原型は、1839年にウィリアム・ロバート・グローブ（英）による希硫酸に浸した白金電極、水素と酸素を使った電池でした（図5-3）。しかし電流が小さく、コストも高くて、研究は進みませんでした。

　燃料電池の実用化が進んだのは1960年代で、宇宙船に搭載されました。国内では70年代の石油ショック後に開発が進み、最近では**次世代のエネルギーとして注目され、燃料電池自動車や家庭用エネルギーが実用化され**ています。

図5-1　燃料電池のイメージ

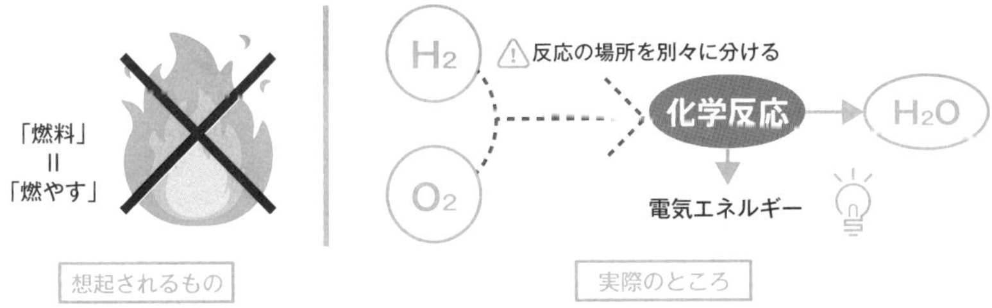

「燃料」
＝
「燃やす」

想起されるもの

⚠反応の場所を別々に分ける

H_2

O_2

化学反応　→　H_2O

電気エネルギー

実際のところ

図5-2　燃料電池の原理

水の電気分解

H_2O

H_2O

電気

H_2　H_2

O_2

燃料電池

図5-3　グローブの燃料電池による水の電気分解の装置

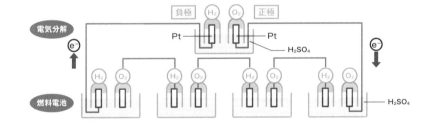

電気分解

負極　H_2　O_2　正極

Pt　　　Pt

H_2SO_4

e^-

燃料電池

H_2　O_2　H_2　O_2　H_2　O_2　H_2　O_2

H_2SO_4

e^-

Point

- 燃料電池は、化学反応により継続して電気を作り出す、電気以外の生成物は水だけのクリーンで安全なエネルギーである
- 水の電気分解の逆（酸素と水素から水を作ったら、電気が生まれる）という、逆転の発想から燃料電池は誕生している
- 1960年代に宇宙用として開発が進み、日本では燃料電池自動車や家庭用エネルギーの実用化が進められている

» 水を電気で分解する

水を電気で分解する準備

　水はあまり電気を通さないので、水の電気分解ではあらかじめ水酸化ナトリウムなどの電解質を溶かしておきます。水の電気分解の反応は、次のようになります。

　正極から電子が引き抜かれて（酸化）、水素イオンと酸素に分解されます。水素イオンは負極に引き寄せられ、電子が押し込められ（還元）、水素になります（図5-4）。そして、反応全体では水が水素と酸素に分解することがわかります。

水素イオンが電解質を移動

　次にこの状態で電源の代わりに豆電球をつなぎます。このとき**水素と酸素の間に触媒を作用させると、これまでと逆の反応が起こり、電流が流れます**。触媒には、酸性の電解質に対して耐食性のある白金（プラチナ）を用います。燃料電池の放電反応は、次のようになります。

　負極では、水素から電子が放出され（酸化）、水素イオンとなります。水素イオンは、電解質中を移動し、正極の酸素と導線を移動してきた電子と反応して（還元）、水となります。水素イオンが電解質中を移動する燃料電池をカチオン交換型と呼び、反応全体は図5-5のようになります。

　燃料電池とは、水素イオンと電子の流れから電気を取り出したものであり、すべての燃料電池が放電時に、同じ反応を起こします。

　また、燃料電池では、負極を燃料極、正極を空気（酸素）極と呼び、電解質を燃料極と空気極ではさんだ構造で、燃料極に水素、空気極に酸素を送り込むと、水が生成して、電気が流れます。

　酸素は空気中の酸素を利用しますが、水素を供給する方法が、燃料電池にとって重要な課題となります（**5-3**）。

図5-4 水の電気分解の反応の原理

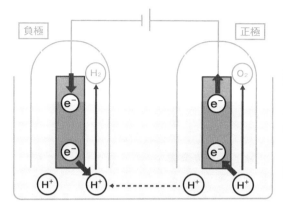

負極

正極

正極
$$2H_2O \rightarrow 4e^- + 4H^+ + O_2$$

負極
$$2H^+ + 2e^- \rightarrow H_2$$

反応全体
$$2H_2O \rightarrow 2H_2 + O_2$$

図5-5 燃料電池の反応構造

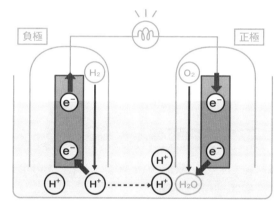

負極

正極

負極
$$H_2 \rightarrow 2e^- + 2H^+$$

正極
$$4H^+ + O_2 + 4e^- \rightarrow 2H_2O$$

反応全体
$$2H_2 + O_2 \rightarrow 2H_2O$$

Point

- 電解質を溶かしておいた水に電気を通すと、正極で酸素と水素イオンにわかれ、この水素イオンが負極で水素になる
- 水を電気分解した後に触媒を作用させると、負極の水素は電子を放出して水素イオンとなり、電解質中を移動して正極の酸素に反応し、水が生成される
- 燃料電池の放電で水素イオンが電解質中を移動するものは、カチオン交換型と呼ばれている

大きなエネルギーの カギを握る水素

水素は理想的な燃料

燃料電池で注目したいのは、燃料として水素を使うところです。水素は電気を使って水から、石油や天然ガスなどの化石燃料、メタノールやエタノールなどのバイオマス、下水汚泥や廃棄物などさまざまな資源から作ることができます。また製鉄所や化学工場などでプロセスの中で副産物としても水素が発生します（図5-6）。水素は、**燃やしても二酸化炭素など排ガスを排出せず、大きなエネルギーとなります。** この理想的な燃料である水素を活用したのが燃料電池なのです。

例えば火力発電では、ガスを燃やして湯を沸かし、高温高圧の蒸気を作り、それで発電機のタービンを回して電気を作ります。つまり熱エネルギー、運動エネルギーを経て、やっと電気エネルギーを生み出します（図5-7）。燃料電池では、燃料から化学反応で直接、電気エネルギーに変換され、途中のエネルギー損失が少なく、エネルギー効率がよいといえます。

単純だけど難しい化学反応

燃料電池の化学反応式は単純ですが、特に次の空気極（正極）での水素イオン、酸素、電子の化学反応は、実際には難しい反応です。

空気極：$4H^+ + 4e^- + O_2 \rightarrow 2H_2O$

水素イオンは液体、酸素は気体、電子は固体の中に存在しますから、「三者が出合う場所」でしか反応は起こりません（図5-8）。電流を大きくするには、反応を起こす場所、つまり「三者が出合う場所」を増やすために、細かい穴の多い電極にする必要があります。細かい穴の中に電解質が入り込んで、固体と液体が出合い、そこに気体の酸素を吹き込むことで、三者が出合えるのです。そのため燃料電池の電極は、多孔性の構造となります。また触媒の白金は、この穴の表面に塗られています。

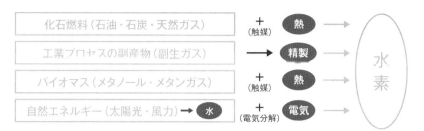

図5-6 水素の製造方法

図5-7 燃料電池と火力発電のエネルギー効率

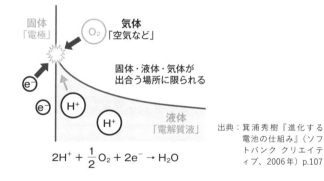

図5-8 燃料電池の反応が起こる場所のイメージ

$$2H^+ + \frac{1}{2}O_2 + 2e^- \rightarrow H_2O$$

出典：箕浦秀樹『進化する電池の仕組み』（ソフトバンク クリエイティブ、2006年）p.107

Point

✎水素は燃やしても二酸化炭素などの排ガスを排出せず、大きなエネルギーとなる

✎燃料電池では、燃料から化学反応で直接、電気エネルギーに変換され、途中のエネルギー損失が少なく、エネルギー効率がよい

燃料電池を分類する

電解質の種類で分類する

　燃料電池は使用する電解質の種類によって、**大きく5つに分類することが
できます**（図5-9）。これらはアルカリ水溶液、リン酸水溶液、溶融炭酸塩、
セラミックス、陽イオン導電性のカチオン交換型高分子膜に分類されます。

燃料および運転温度で分類する

　原燃料の種類でも分類ができ、不純物がほとんど含まれていない高純度
の水素が必要な電池と、天然ガスや石炭ガスなど原燃料に制限がない電池
に分類されます（図5-10）。燃料に制限がない場合、排出物に微量の窒素
酸化物と少量の二酸化炭素が含まれるので、燃料から水素だけを取りだす
改質処理を行う改質器の設置が必要となります。

　また電池内の反応に用いる燃料として、高純度の水素、一酸化炭素の含
有量が1%以下の水素、水素または一酸化炭素の電池に分けられます。

　燃料電池は運転温度によっても低温型と高温型に分類できます。室温か
ら200度ぐらいまでを低温型、数百度以上を高温型と分けられています。

　低温型では電池の始動がすみやかです。高温型では反応効率も高くなり
ますが、始動には時間がかかり、設備も大型化します。

発電反応のしくみで分類する

　燃料電池には、発電反応で水素イオンが燃料極から空気極へ移動する
「カチオン交換型」と、水酸化物イオンが空気極から燃料極へ移動する
「アニオン交換型」があります（図5-11）。「アニオン交換型」には水酸化
物イオンの代わりに、炭酸イオンや酸素イオンが移動するものがありま
す。水素イオンを利用するカチオン型は、強酸性のため触媒に耐食性のあ
る貴金属が必要となります。一方のアニオン型は、腐食の心配がなく、触
媒に高価な白金などを必要とせず、コストダウンが可能となります。

図5-9 電解質による分類

図5-10 燃料および運転温度による分類

図5-11 発電反応のしくみによる分類

Point

- 電解質の種類によって、大きく5種類に分類される。また運転温度には低温型と高温型がある
- 原燃料の種類によって不純物がほとんどない高純度の水素と天然ガスや石炭ガスなど制限がない電池に分類できる
- 発電反応で水素イオンなどが移動する「カチオン交換型」と、水酸化物イオンが移動する「アニオン交換型」に分けられる

》 宇宙で活躍した燃料電池

電気と水を宇宙へ

アルカリ形燃料電池（AFC）は、電解質に水酸化カリウムなどの強アルカリ電解液を用いた燃料電池です。実用的な燃料電池の中では、最も古い歴史を持ち、1932年にフランシス・トーマス・ベーコン（英）が開発しました。最初は電解質に硫酸を使用しましたが、他の物質と反応しやすいので、強アルカリが考案されました。当初からコストの問題があり、研究開発は進みませんでした。

一方で**構造が単純で、燃料電池の中で最も効率がよく、排出物が水だけである**ことから、1969年の人類発の月面着陸用アポロ11号に搭載され、その後スペースシャトルなど、宇宙空間で電気と水を供給しました。

水酸化物イオンが電解質を移動

アルカリ形燃料電池の電解質はアルカリ性ですから、水酸化物イオンがあります。燃料極に水素を供給すると、電解質中の水酸化物イオンと反応して水を生成し、電子を放出します（図5-12）。燃料極から放出された電子は導線を通って、空気極に移動します。移動してきた電子が空気極に供給された酸素と、水溶液中の水が反応して水酸化物イオンを生成します。

このように水酸化物イオンが電解質中を移動する燃料電池はアニオン交換型と呼ばれます（図5-13）。全体の反応は、すべての燃料電池と同じです。

アニオン交換型は腐食の心配がないので、触媒に白金だけでなくニッケル合金も使えてコストダウンできます。運転温度も50〜150度と比較的低いため、室温でも扱いやすいという利点もあります。

しかし燃料に二酸化炭素が含まれるとアルカリ性の電解質と反応して、電池の性能が悪くなります。そのため純度の高い水素と酸素が必要となり、やはりコストの問題が残ります。近年では、アルカリに強い陰イオン導電性のアニオン型高分子膜を用いた、高性能のアルカリ形燃料の開発に期待がかかります。

図5-12 **アルカリ形燃料電池の反応構造**

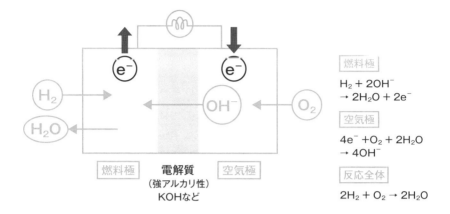

燃料極

$H_2 + 2OH^-$
$\rightarrow 2H_2O + 2e^-$

空気極

$4e^- + O_2 + 2H_2O$
$\rightarrow 4OH^-$

反応全体

$2H_2 + O_2 \rightarrow 2H_2O$

電解質
（強アルカリ性）
KOHなど

図5-13 **アルカリに強いアニオン型高分子膜**

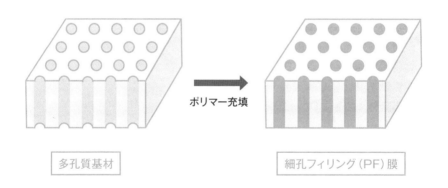

ポリマー充填

多孔質基材

細孔フィリング（PF）膜

Point

- アルカリ形燃料電池は、電解質に水酸化カリウムなどの強アルカリ電解液を用いた燃料電池である
- 水酸化物イオンが電解質中を移動する燃料電池は「アニオン交換型」と呼ばれ、触媒に高価な白金だけでなくニッケル合金も使える
- 燃料に二酸化炭素が含まれると、アルカリ性の電解質と反応して電池の性能が悪くなり、純度の高い水素と酸素が必要となりコストが高くなる

》 排熱を有効利用できる燃料電池

再び酸性の電解質に注目

　アルカリ形燃料電池の課題が、燃料に二酸化炭素が含まれると電解質と反応することでした。この課題解決のため、再び酸性の電解質に注目し、リン酸を用いたのがリン酸形燃料電池（PAFC）です。

　リン酸形燃料電池の開発は、1970年代に天然ガスの用途拡大を目的にアメリカで始まり、日本では1998年から商品化が始まりました。

触媒はやはり白金

　リン酸形燃料電池の電解質は酸性ですから、水素イオンが電解質中を移動するカチオン交換型となり、反応式も次のように同じです（図5-14）。

　燃料極：$H_2 \rightarrow 2e^- + 2H^+$
　空気極：$4H^+ + O_2 + 4e^- \rightarrow 2H_2O$
　反応全体：$2H_2 + O_2 \rightarrow 2H_2O$

　セルの電池構造は、**電解質のリン酸を浸した電解質膜を、燃料極と空気極ではさんだもの**です（図5-15）。実際には高い電圧を得るために、このセルをいくつかつなげて使用します。また酸性の電解質なので金属ではなく、表面に触媒が塗られた、多孔質のカーボンを用います。

　ここで使用する触媒ですが、リン酸は硫酸よりは腐食性が少ないのですが、やはり高価な白金となります。白金は一酸化炭素によって触媒機能が急速に衰える被毒作用があるので、燃料に天然ガスなどを使用する場合は、改質処理が必要です。

　運転温度は、液体電解質を使う燃料電池の中で最高の約200度ですが、排熱を有効利用できるので、病院、ホテル、防災用などで活躍中です。

図5-14 リン酸形燃料電池の反応構造

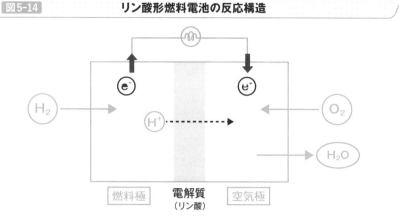

図5-15 リン酸形燃料電池の構造

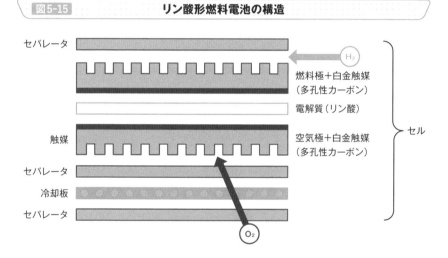

Point

- リン酸形燃料電池では、水素イオンが電解質中を移動するカチオン交換型であるため、金属が腐食しやすいので、白金触媒を使用している
- 白金は一酸化炭素によって、触媒機能が急速に衰える被毒作用があるので、燃料に天然ガスを使用する場合は、改質処理が必要である
- リン酸形燃料電池は、都市ガスなどを原燃料にでき排熱を有効利用できるので実用化が進んでいる

大規模発電に適している燃料電池

白金触媒が不要で、燃料の制限なし

リン酸形燃料電池の白金触媒はコストが高くなるという課題があります。そこで運転温度が600〜700度の高温で反応効率がよく、アニオン交換型のため白金触媒が不要な溶融炭酸塩形燃料電池（MCFC）の登場です。コストが安くなり、一酸化炭素による被毒作用（**5-6**）がないので燃料に制限がなく、天然ガスや石炭ガス、廃棄物ガスや下水汚泥からの消化ガスも燃料に活用できます。

排熱の利用も可能ですが、高温のため電解質が金属を腐食するので材質はステンレスやニッケルなどに制限されます（図5-16）。一方で改質装置が必要ないので簡素化でき、大規模発電に適したシステムとして期待できます。

炭酸イオンが電解質を移動

電解質に用いる、炭酸リチウムや炭酸ナトリウムなどの溶融炭酸塩は、室温では固体ですが、高温で液体になり、高いイオン伝導率となります。

燃料には一酸化炭素も使えますが、今回は燃料に水素を用いた電池の化学反応を説明します。ここで注意したいのが、空気極には酸素の他に二酸化炭素を供給する必要があることです（図5-17）。

電解質中には、炭酸塩が溶融して、炭酸イオンがあります。燃料極に水素を供給すると、電解質中の炭酸イオンと反応して水と二酸化炭素を生成し、電子を放出します。

燃料極から放出された電子は導線を通って、空気極に移動します。移動してきた電子は、空気極に供給された酸素と二酸化炭素に反応して、炭酸イオンを生成します。全体の反応は、すべての燃料電池と同じです。

炭酸イオンが電解質中を移動するので、溶融炭酸塩形燃料電池は、炭酸イオンを用いたアニオン交換型の燃料電池といえます。また連続運転する場合は、燃料極で生成した二酸化炭素を空気極へ循環させます。

| 図5-16 | **溶融炭酸塩形燃料電池の構造** |

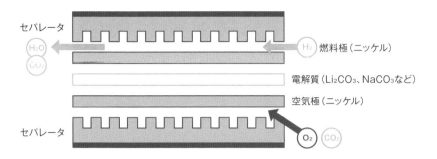

| 図5-17 | **溶融炭酸塩形燃料電池の反応構造** |

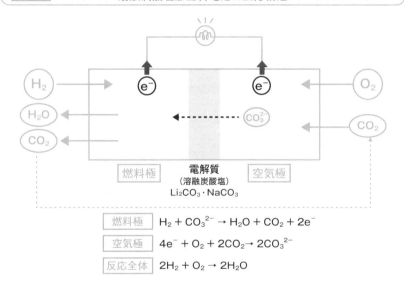

燃料極	$H_2 + CO_3^{2-} \rightarrow H_2O + CO_2 + 2e^-$
空気極	$4e^- + O_2 + 2CO_2 \rightarrow 2CO_3^{2-}$
反応全体	$2H_2 + O_2 \rightarrow 2H_2O$

Point

- 溶融炭酸塩形燃料電池は、高温になると液体になり、高いイオン伝導率となる炭酸塩を電解質に使用している
- 燃料に制限がなく、改質器が必要ないので簡素化できることから、溶融炭酸塩形燃料電池は大規模発電に適したシステムとして期待できる
- 燃焼極で生成した二酸化炭素は、空気極に供給することで、排出せずに活用できる

長時間使用できる燃料電池

電解質を液体から固体へ

　液体の電解質を用いた燃料電池は、長時間使用し続けると電極などが腐食するという課題があります。そこで固体電解質を用いたのが固体酸化物形燃料電池（SOFC）です。**すべて固体で構成されて、高温運転のため改質器が不要となる簡素な装置**です。燃料に制限もなく、家庭用エネルギー「エネファーム」（**5-12**）への実用化が進んでいます。

酸素イオンが電解質を移動

　固体電解質には、高温で酸素イオンを通過させる固体酸化物（セラミックスの安定化ジルコニア）を用いています。燃料には一酸化炭素も使えますが、今回は水素を用いた電池の化学反応を解説します（図5-18）。

　高温の電解質中には、固体酸化物が溶けて、酸素イオンがあります。燃料極に水素を供給すると、電解質中の酸素イオンと反応して水を生成し、電子を放出します。

　燃料極から放出された電子は導線を通って、空気極に移動します。移動してきた電子は、空気極に供給された酸素と反応して、酸素イオンを生成します。全体の反応は、すべての燃料電池と同様になります。

燃料極：$H_2 + O^{2-} \rightarrow H_2O + 2e^-$
空気極：$4e^- + O_2 \rightarrow 2O^{2-}$
反応全体：$2H_2 + O_2 \rightarrow 2H_2O$

　酸素イオンが電解質中を移動するので、固体酸化物形燃料電池は、酸素イオンを用いるアニオン交換型の燃料電池といえます。また、700〜1000度の高温運転のため、材質は耐熱性のセラミックに制限され、コストが高くなります（図5-19）。また起動時間が長く、材質劣化などの課題が残ります。

図5-18 **固体酸化物形燃料電池の反応構造**

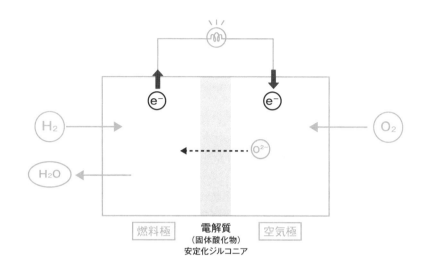

図5-19 **固体酸化物形燃料電池の構造**

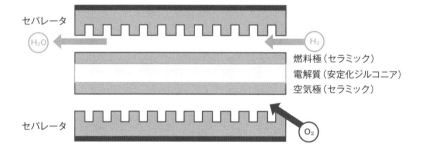

Point

- 固体酸化物形燃料電池は電解質に、高温で酸素イオンを通過させるセラミックスの一種を用いている
- 固体酸化物形燃料電池は燃料に制限がなく、すべて固体で構成され、装置も簡素なため、都市ガスなどの排熱利用への実用化が進んでいる
- 700〜1000度の高温運転のため、材質は耐熱性のセラミックに制限され、コストが高く、起動時間の長さから材質劣化などの課題が残る

次世代のエネルギー問題を支える燃料電池

燃料自動車やエネファームで注目

　究極のエコカーと注目の燃料電池自動車や家庭用電源エネファーム（**5-12**）に使用されているのが、固体高分子形燃料電池（PEFC）です。

　やはり60年代宇宙用の開発が始まりでしたが、白金触媒と電解質交換膜が高価なため、研究開発が下火になります。80年代後半から白金の使用量をおさえる技術が開発され、再び注目されました。1993年にはカナダで高分子形燃料電池が搭載されたバスが試作され、これを機に、多くの自動車メーカーが燃料電池の開発に乗り出しました。

小型・軽量化が可能

　電解質に、水素イオンなど陽イオンのみを通過させる固体ポリマー（高分子膜）を用いて、燃料に水素が使われます。水素イオンが電解質中を移動するカチオン交換型となり、図5-20にあるように、反応式も同じになります（**5-2**）。

　電池の構造は、約0.7Vのセルをいくつか重ねてスタックを構成し、小容量でも発電効率が高く、家庭用から自動車用まで実用化できます（図5-21）。

　電極の材質は、主にカーボン紙で、白金などの触媒が塗られており、電解質は、非常に薄く小型・軽量化が可能です。しかし水素に一酸化炭素が含まれていると白金が劣化するので、**燃料には高純度の水素**が必要となります。また水素イオンを通過させるために、水分が必要となります。

　運転温度が80〜90度と低温で起動や停止が早く、固体電解質なので液漏れもありません。すでにエネファーム（**5-12**）が実用化されていますが、コストが高い白金触媒の使用と水素イオン移動の水分管理の課題が残ります。

図5-20 固体高分子形燃料電池の反応構造

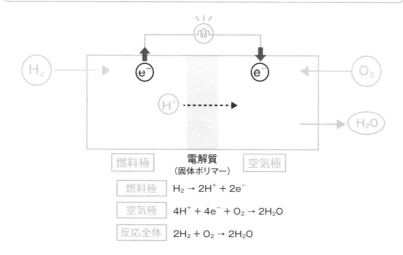

燃料極	$H_2 \rightarrow 2H^+ + 2e^-$
空気極	$4H^+ + 4e^- + O_2 \rightarrow 2H_2O$
反応全体	$2H_2 + O_2 \rightarrow 2H_2O$

図5-21 固体高分子形燃料電池の構造

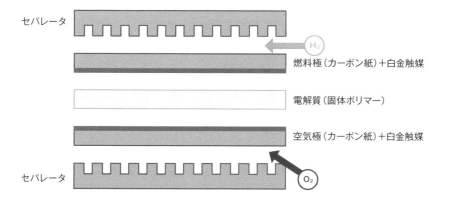

Point

- 固体酸化物形燃料電池は電解質に固体ポリマーを使用し、運転温度が低温なため起動や停止が早く、固体電解質なので液漏れもない
- 小容量でも発電効率が高く、家庭用から自動車用まで、さまざまな分野で実用化が可能
- 白金触媒のため高純度水素が必要となり、コストが高く、水素イオンの移動のための水管理が必要などの課題も残る

》 小型軽量化が期待できる 燃料電池

水素の代わりにメタノール

燃料電池で用いる燃料の水素は、単体では自然界に存在しないので、天然ガスなどから大型装置で製造する必要があります。また水素の貯蔵や運搬の取り扱いが難しく、間違えると大事故につながります。

そこで固体高分子形燃料電池の水素をメタノールに置き換えたのが、直接（ダイレクト）メタノール形燃料電池（DMFC）です（図5-22）。メタノールは安価で、比較的取り扱いやすく、改質器も必要ないので、システムが簡単で小型軽量化が容易になります。運転温度は室温から80度ぐらいで、静音・低振動などの利点があります。

二酸化炭素と水が生成

燃料極にメタノールを供給すると、水と反応して電子を放出し、水素イオンと二酸化炭素が生成されます。

燃料極から放出された電子は導線を通って、空気極に移動します。水素イオンは電解質を移動し、空気極で酸素と電子に反応し水を生成します。両極の反応を合わせると、反応全体は図5-23のようになります。

水素イオンが電解質中を移動して、二酸化炭素と水を生成するという、他の燃料電池とは異なる反応を示します。

進む研究開発

2000年代後半に国内でモバイル用の小型電池が商品化されました。しかし純度の高いメタノールが電解質の固体ポリマーを通り抜けるクロスオーバー現象により、電圧が低下するという問題がありました。しかしその後も開発が進み、非常用やアウトドア用の電源などが商品化されています。

図5-22 直接メタノール形燃料電池の外観

MGC-FC46　　　　MGC-FC56

出典：三菱ガス化学『製品概要』(URL：https://www.mgc.co.jp/products/nc/dmfc/model.html)

図5-23 直接メタノール形燃料電池の反応構造

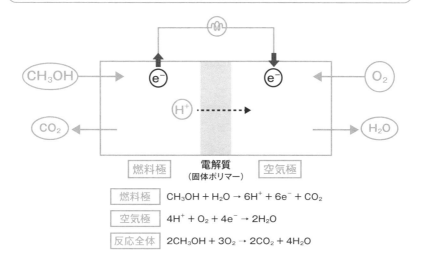

燃料極　　　電解質　　空気極
　　　　　（固体ポリマー）

燃料極	$CH_3OH + H_2O \rightarrow 6H^+ + 6e^- + CO_2$
空気極	$4H^+ + O_2 + 4e^- \rightarrow 2H_2O$
反応全体	$2CH_3OH + 3O_2 \rightarrow 2CO_2 + 4H_2O$

Point

- 直接メタノール形燃料電池は、改質器を使用せずに直接メタノールを供給して反応させるので、システムが簡略化され小型化が期待できる
- 直接メタノール形燃料電池は水素イオンが電解質中を移動して二酸化炭素と水を生成するという、他の燃料電池とは異なる反応を示す
- モバイル用の小型電池が商品化されたが、クロスオーバー現象により電圧が低下するという問題が生じた

5-11

微生物の酵素を使って電気を作る

微生物の酵素を利用

バイオ燃料電池とは、生命がエネルギーを生み出すしくみを応用した電池であり、具体的には、微生物または酵素を利用した電池です。

バイオ燃料電池では、白金触媒など**高価な材料の必要がなく、室温での運転**が可能です。酵素は安価で、無限に存在し、しかも金属のように環境を汚すこともありません。また酵素を使ったバイオ燃料電池は、生体親和性が高いので、体内で使用する場合など、金属を用いた燃料電池よりも、安全であると考えます。最近では、酵素を使ったウェアラブルデバイス用の電池の研究開発が進んでいます（図5-24）。

ごはんを食べるように、発電する?

人間は口に入った食べ物を、さまざまな消化酵素で分解して、生物活動に必要なエネルギーを取り出します。食べ物とは、炭水化物や脂質、たんぱく質などで、これらは炭素がたくさんつながったものとなり電子を介して結合しています。バイオ燃料電池では、この炭素間の結合を切るときに、電子を取り出すことによって、発電しています。

2種類の酵素を活用

図5-25に燃料にブドウ糖を用いた電池の反応のしくみを示します。

燃料極の表面には消化酵素を塗ります。空気極の表面には消化酵素とは反対の、分子を合成する還元酵素を塗ります。

燃料極にブドウ糖を供給すると、消化酵素と反応して電子を放出し、水素イオンとグルコノラクトンを生成します。放出された電子は導線を通って、空気極へ移動します。水素イオンは、隔膜を通過して、空気極で還元酵素と供給された酸素、移動してきた電子に反応して、水を生成します。

| 図5-24 | 尿や汗を使ったバイオ燃料電池の反応構造 |

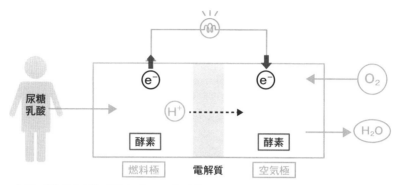

※医療・介護・健康などの分野でのウェアラブル生体センサーとして実用化を想定

| 図5-25 | 燃料にブドウ糖を使ったバイオ燃料電池の反応構造 |

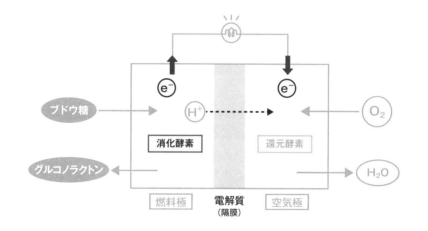

Point

- バイオ燃料電池とは、微生物または酵素を利用した電池で、特に酵素を利用した電池の研究開発が目覚ましく進んでいる
- 白金触媒など高価な材料の必要がなく、室温での運転が可能である
- 燃料の酵素は安価で無限に存在し、金属のように環境を汚すこともない
- 酵素を使ったバイオ燃料電池は、生体親和性が高いので、体内で使用する場合など、金属を用いた燃料電池よりも、安全であると考えられる

» 家庭で電気とお湯を作る

家庭菜園のようにエネルギーを自宅で作る!

　エネファームとは、自宅で電気を作り、お湯も同時に作り出す、家庭用燃料電池です。「エネルギー」と「ファーム（農場）」を組み合わせた商品名で、国内で2009年よりガス会社などから販売されています。

　発売当初は高額で普及が進みませんでしたが、2011年の東日本大震災を機に、停電時にも使える、**蓄電池や太陽光発電と組み合わせた自立型電源**の販売が始まり、災害時への備えとして注目を集めるようになりました。普及台数は年々上昇しており、2022年3月には43万台を突破しています。

活躍中の燃料電池とは?

　エネファームは、燃料電池ユニットと貯湯ユニットから構成されます。燃料には都市ガスやLPガスが使われ、ユニットの中の改質装置より燃料から取り出した水素と空気中の酸素を化学反応させて、電気を取り出します（図5-26）。この電気を照明やテレビに利用すれば、電力会社からの購入電力を減らし、節電できます。また電気と同時に発生した熱で、貯湯ユニットの中の水を沸かし、キッチンやお風呂などで使えます。発電所で発生した熱は捨てられ、遠く離れた家庭まで運んでくるまでに、送電ロスも発生します。しかしエネファームなら設置した家庭で使うのでロスも少なく、エネルギー利用率は約9割が期待できます（図5-27）。

燃料電池の比較

　使用されている燃料電池は、固体高分子形燃料電池と固体酸化物形燃料電池の2種類です。固体高分子形は発電効率が比較的低いのですが、排熱回収率が高く、起動停止が比較的容易です。固体酸化物形は、本体の小型化が可能で、発電効率が比較的高く、排熱回収率が低いとされます。

図5-26 蓄電池・太陽光発電を組み合わせたエネファーム

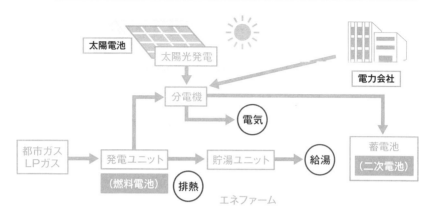

図5-27 従来のエネルギーシステムとの比較

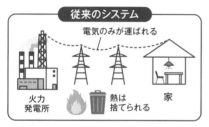

メリット	・自宅に新たなスペースが必要ない（エネファーム設置にはスペースが必要） ・現段階では、従来システムの方がコストがかからない	・使う場所でエネルギーを作るので、熱や電気のロスが少ない ・エネルギー利用率は85～97%ほど
デメリット	・エネルギーを作る場所と使う場所が離れているので、熱や電気のロスが多い ・エネルギー使用率は41%ほど	・製品価格が高い ・一部のモデルでは停電時には使用できないものもある

Point

🖉 エネファームは発電と同時に、排熱も利用でき、家庭に設置して使うので、送電ロスもなく、エネルギー利用率が高くなる

🖉 蓄電池や太陽光発電を組み合わせ、災害時の備えとして活用が期待できる

🖉 エネファームには、発電効率が低く、排熱回収率が高い固体高分子形と、発電効率が高く、排熱回収率が低い固体酸化物形が採用されている

やってみよう

鉛筆と水で、燃料電池を作ってみよう

　次世代の環境に優しいエネルギーとして期待されている燃料電池（第5章）は、水の電気分解とは逆に、水から電気を作ります。実際には高価な触媒などが必要となりますが、今回は身近な素材で燃料電池を再現してみましょう。なお、この実験は必ず窓を開けて行ってください。

用意するもの

・鉛筆2本（上下を削っておく）	・食塩水（塩化ナトリウム水溶液）
・実験用電子オルゴール	・9Vの角形電池
・リード線	・プラスチックの蓋つきカップ

やり方

❶カップに半分以上の水を入れて、ティースプーン1杯の塩を入れて溶かします。カップの蓋をかぶせて、鉛筆の芯が食塩水につかるようにします。

❸リード線を鉛筆と電池につないで、鉛筆の芯から泡が出てきたら、水が電気分解されていますので、3分たったらリード線を外します。

❹リード線を電子オルゴールにつないで音が出てくるか確認しましょう。

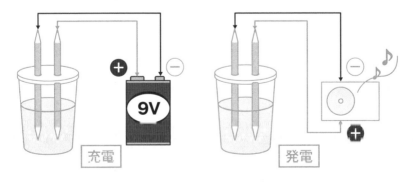

参考：関西電力「「燃料電池」を作って、発電しよう！」（https://www.kepco.co.jp/brand/for_kids/ecolabo/01.html）

第 6 章

光や熱を電気エネルギーに変える

～化学反応なしで電気に変換する物理電池

» 太陽の光を電気にする電池

よく見かけるあのパネルも電池の1つ

近年、太陽光（ソーラー）パネルと呼ばれるものが、住宅やビルの屋根、街灯などに設置され、よく見かけるようになりました。

これらは太陽電池と呼ばれる物理電池（**1-2**）の一種で、太陽などの光が物質に当たると電子が発生する光起電力効果（光電効果）を利用して、電気を取り出す電池です。**光が当たっていれば継続的に電気を作り出す**発電装置のような電池で、太陽光発電（PV）と呼ぶこともあります（**3-18**、**5-12**）。

カメラの露光計は太陽電池？

1839年アレキサンドル・エドモンド・ベルクル（仏）が、電解質に一組の白金電極を浸し、片方の電極に光を当てると、わずかに電気が流れる光起電力効果を発見しました（図6-1）。1876年にはウィリアム・グリュリス・アダムス（英）とリチャード・エバンス・デイ（英）が、金属板にセレンを塗り、その表面に光を当てると電気を発生することを発見します。このセレンの起電力を応用し、1884年チャールズ・フリッツ（米）が発明した世界初の太陽電池セレン光電池は、1960年代までカメラの露光計として使われました（図6-2）。

急速に広がる太陽電池

現在のような太陽電池は、アメリカのベル研究所で1954年に発明されました。すぐに宇宙用に実用化が始まり、1958年には初の宇宙用太陽電池が、科学衛星に搭載されました。

国内では1963年から生産が始まり、1967年に人工衛星に搭載され、同じ年に世界で初めて太陽電池がついた電卓が発売されました。近年では腕時計や携帯電話、二次電池と組み合わせて、昼間に発電した電気を夜に使えるようにした街灯やエネファーム（**5-12**）にも使われています。

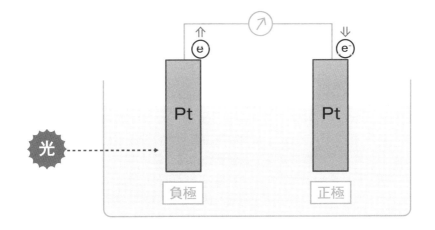

図6-1　ベクレルの太陽電池の原型

図6-2　カメラに搭載されたセレン光電池

セレン光電池は光があるとわずかに電気が流れることから、
光計測量にカメラの露出計に使われていた

Point

- 太陽電池とは、太陽などの光のエネルギーを受けて起こる光起電力効果を直接電気として取り出す電池である
- 太陽電池は、光が当たっている限り、継続的に電気を作り出せる発電装置のような電池である
- 世界初のセレン光電池は、あまり電流は流れず、カメラの露光計として1960年代まで使われていた

» 太陽電池を分類する

寿命が長く、信頼できる電池

　太陽電池を、主に構成する半導体（**6-3**）の材料で分類すると、図6-3のように大きくシリコン系、化合物系、有機系に分けられます。

　シリコン結晶系は**寿命が長く、信頼性の高い**電池です。単結晶太陽電池は、交換効率が高いのですが、高純度のシリコンが大量に必要なので、コストが高くなります。多結晶太陽電池は、変換効率も単結晶ほど高くはないのですが、コストが低くなるので、住宅用として最も普及しています（図6-4）。

　薄膜系は変換効率は低いのですが、コストがさらに低く、軽量で熱に強く、フレキシブル化が可能で、これまで設置できなかった箇所にも対応できます。アモルファスとは、結晶化していないシリコンで、発電効率も低いのですが、単結晶シリコンとアモルファスを何層にも重ねた、多接合型のHIT太陽電池の発電効率が高く、実用化されています。

複数の材料を組み合わせたり、有機物を用いたりする電池

　化合物系とは、**複数の材料を用いたもの**です。主なものにガリウムとヒ素のGaAs太陽電池、カドミウムとテルルのCdTe太陽電池、銅、インジウム、セレンのCIS太陽電池、CISを構成するインジウムの一部を、ガリウムで構成したCIGS電池があります。これらはレアメタルや有害物質の含有、交換効率の問題などで、実用化には至っていません。しかし材料の組み合わせは数多く考えられるので、今後の研究開発に期待できます。

　有機系とは、無機物の材料を使用するシリコン系や化合物系と異なり、**有機物の材料を用いています**。有機薄膜系と色素増感系に分けられ、製法も非常に簡単で低コストです。変換効率や電池の寿命などで課題があり、さらなる研究開発が必要です。最近では、ペロブスカイト太陽電池（**6-5**）が注目されています。

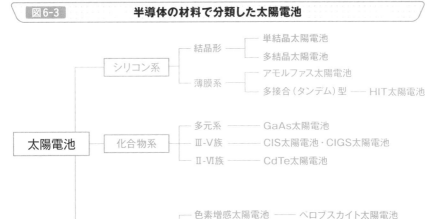

図6-3 半導体の材料で分類した太陽電池

図6-4 単結晶とアモルファスのシリコンのちがい

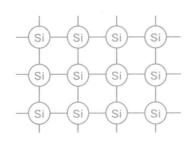

単結晶シリコン

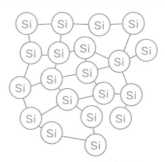

アモルファス結晶シリコン

Point

- 太陽電池は、構成する材料によって、大きくシリコン系、化合物系、有機系に分けられる
- シリコンを使った多結晶太陽電池は、変換効率は同じシリコンの単結晶太陽電池ほど高くはないが、コストが低く、住宅用として最も普及している太陽電池である
- 有機系の中でも、色素増感系のプロブスカイト太陽電池が次世代の有力な太陽電池として注目されている

》 太陽電池に欠かせない材料

太陽電池を支える技術、半導体

太陽電池を構成する材料のほとんどが、半導体です。半導体とは、**導体（金属など電気を通しやすいもの）と、絶縁体（ガラスやゴムなど電気を全く通さないもの）の中間の性質を持っている材料のこと**です。半導体には、外部から光や熱などのエネルギーを加えると、電気が流れやすくなる性質があります（図6-5）。

半導体に欠かせない元素「シリコン」

シリコン系半導体の主成分であるシリコン（ケイ素）は、酸素に次いで地球の地殻中に大量に存在する元素で、石英などの二酸化シリコンというかたちで、珪石や珪砂に含まれています（図6-6）。純粋なシリコンは電流がほとんど流れませんが、不純物を添加すると、電気を通しやすくなり、半導体となります。

2種類の半導体

シリコン系太陽電池は、n型半導体とp型半導体という、電気的な性質の異なる2種類の半導体が使われています。純粋なシリコンにリンなどを添加したものがn型半導体、ホウ素などを入れたものがp型半導体となります。

nはネガティブのnで、不純物の添加により、シリコンの中に負電荷の電子が余っている状態を示しています。つまりn型半導体は、電子を放出しやすい状態といえます。

pはポジティブのpで、不純物の添加により、シリコンの中で電子が不足している状態を示しています。この電子が不足した部分は、正電荷の正孔（ホール）を持っている状態とも表現されます。つまりp型半導体は、電子を受け入れやすい状態といえます（図6-7）。

図6-5　物質と電気の流れやすさ

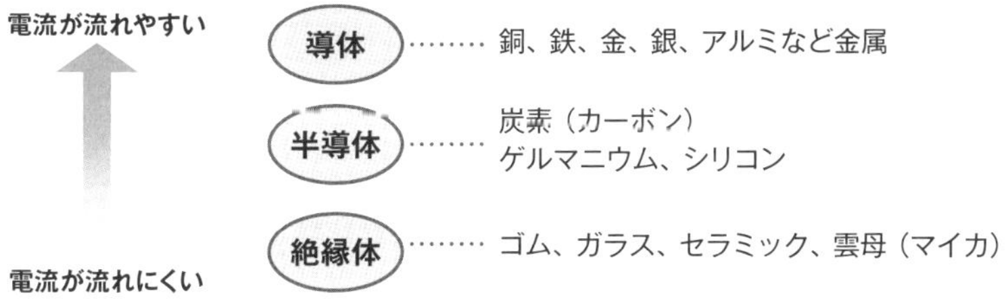

電流が流れやすい ↑

導体 …… 銅、鉄、金、銀、アルミなど金属

半導体 …… 炭素（カーボン）　ゲルマニウム、シリコン

絶縁体 …… ゴム、ガラス、セラミック、雲母（マイカ）

電流が流れにくい

図6-6　地球の地殻中の元素の重量比

順位	元素	クラーク数
1	酸素	49.5
2	ケイ素	25.8
3	アルミニウム	7.56
4	鉄	4.7
5	カルシウム	3.39

※クラーク数とは、地球上の地表付近に存在する元素の割合を重量比で表したもの。
出典：信越化学工業『シリコーンとは？』（URL：https://www.silicone.jp/info/begin1.shtml）

図6-7　n型とp型半導体のイメージ図

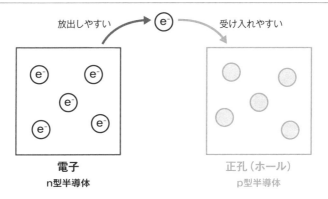

放出しやすい　　e⁻　　受け入れやすい

電子
n型半導体

正孔（ホール）
p型半導体

Point

⟋半導体は、導体と絶縁体の中間の性質を持っていて、外部から光や熱などのエネルギーを加えると、電気が流れやすくなる性質がある

⟋現在用いられている太陽電池の多くは、シリコン系太陽電池である

⟋n型半導体は電子を放出しやすく、p型半導体は電子を受け入れやすい

» 一番普及している太陽電池

半導体を2つ重ねると電池に？

　n型半導体とp型半導体を重ねて接合させると、光を当てるだけで電流が流れます。まず光を当てる前に、この2つの半導体を接合します。

　接合部分では、n型側の負電荷の電子とp型側の正電荷の正孔が互いに引き合い、電気的に中和結合して消滅し、電荷の存在しない領域（空乏層）が形成されます。

　そしてn型半導体、結合部分の空乏層、p型半導体は、それぞれがエネルギー的にバランスの取れた状態で安定しています（図6-8）。

光を当てることで電気が生まれる

　次に結合部分の空乏層に光を当てると、消滅していた空乏層の電子と正孔が再び現れます。そして負電荷の電子はn型半導体へ、正電荷の正孔はp型半導体へと移動します。するとこれまでエネルギー的にバランスが取れた状態から、電子を外へ押し出す力が生じます。これが起電力になり、外部回路につなぐとn型半導体が負極、p型半導体が正極になり、回路に電流が流れます（図6-9）。これらの現象が光起電力効果（**6-1**）となります。

　光が当たっている間は、電子と正孔が次々と出現し続けるので、電気を作り続けます。 これがシリコン系太陽電池の原理となります。

太陽電池の工夫

　シリコン系太陽電池は、表側にn型半導体と裏側にp型半導体を重ねた構造になります。シリコンは光を照射すると約30％以上が反射されてしまうので、より光を吸収させるために、太陽光が当たる部分の半導体には、反射防止膜がつけられています。太陽電池の表と裏には、電気を取り出すために必要なアルミニウム電極がついています（図6-10）。

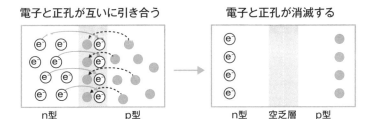

図6-8　n型とp型半導体接合後の状態

電子と正孔が互いに引き合う　　電子と正孔が消滅する

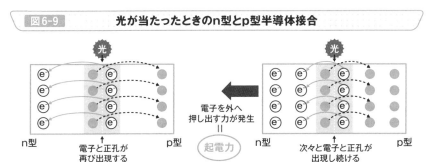

図6-9　光が当たったときのn型とp型半導体接合

電子を外へ押し出す力が発生＝起電力

電子と正孔が再び出現する　　次々と電子と正孔が出現し続ける

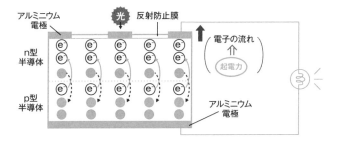

図6-10　シリコン系太陽電池の構造

アルミニウム電極　光　反射防止膜

n型半導体　p型半導体

電子の流れ　起電力

アルミニウム電極

Point

- n型半導体とp型半導体の接合部分では、n型側の電子とp型側の正孔が結合して消滅し、電荷の存在しない領域（空乏層）が形成される
- 結合部分の空乏層に光を当てると、負電荷の電子はn型半導体へ、正電荷の正孔はp型半導体へと移動し、正負の電極が形成される
- シリコン系太陽電池は、n型半導体とp型半導体を重ねて、アルミニウム電極がついた構造になっている

≫ 次世代の有力な太陽電池

日本で発見された新しい太陽電池

　現在、太陽電池の圧倒的な主流であるシリコン系は、厚みも重量も大きく、折り曲げることができません。またシリコンの価格が高く、製造工程での消費電力も高いという欠点があります。

　そこで次世代の太陽電池として、世界中から注目されているのが、2009年宮坂力（日本）が発見した、色素増感太陽電池の一種であるペロブスカイト太陽電池です。すでにシリコン系に匹敵する高い交換効率を示し、シリコンやレアメタルを使わず、塗布技術で製造できるので、非常にコストが安くなります。さらに薄くて、軽く、折り曲げることができるので、設置場所を選ばないという最大の利点があります。

ペロブスカイト電池の原理

　ペロブスカイト構造と呼ばれる独特の結晶構造は、さまざまな物質を合成して作ることが可能です（図6-11）。それらを総称してペロブスカイトと呼んでいます。

　電池の原理は、負極電極側に、金属酸化物の膜の上に塗布した有機系のペロブスカイト（$NH_3CH_3PbI_3$）結晶薄膜を設置して、光を当てます。するとペロブスカイト層は光を吸収して電子を放出します。電子は外部回路を通って、正孔が集まる有機系の正孔輸送層に受け取られます（図6-12）。

　このように光が当たっている間は、外部回路に電子が流れ続け、電気を取り出すことができます。

解決したい課題

　すでにフィルム状のペロブスカイト太陽電池の開発などが進んでいます。しかしペロブスカイトは不安定で、熱などの外部影響を受けやすく、また有害物質である鉛を含むことから環境への負荷が懸念されます。

| 図6-11 | ペロブスカイト結晶構造 |

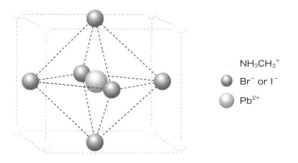

NH$_3$CH$_3^+$
Br$^-$ or I$^-$
Pb^{2+}

出典：科学技術振興機構『ペロブスカイト型太陽電池の開発』（URL：https://www.jst.go.jp/seika/bt107-108.html）

| 図6-12 | ペロブスカイト太陽電池の原理 |

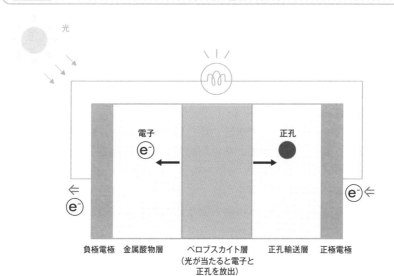

光

電子
e$^-$

正孔

e$^-$

e$^-$

負極電極　金属酸化物層　ペロブスカイト層　正孔輸送層　正極電極
（光が当たると電子と
正孔を放出）

Point

⬥ ペロブスカイト太陽電池の最大の利点は、コストが安く、かつ薄くて軽く、折り曲げることができるので、設置場所を選ばないことである

⬥ ペロブスカイト構造と呼ばれる独特の結晶構造は、さまざまな物質を合成して作ることが可能である

⬥ ペロブスカイトは熱などの外部影響を受けやすく、耐久性に課題が残り、また有害物質である鉛を含むことから環境への負荷が懸念されている

≫ 熱から電気を取り出す電池

金属を加熱すると電気になる?

　2種類の金属や半導体を両端で接続させて、両端に温度差を与えると、電流が流れます。例えば、銅線とニクロム線をねじり合わせて、ねじった部分だけを加熱します。すると加熱されていないところと温度差が生じ、低温側へ電子が移動し、起電が生じて電流が流れます。この現象は1821年にトーマス・ゼーベック(独)によって発見され、ゼーベック効果(熱電効果、熱電変換効果)と呼ばれます(図6-13)。

太陽電池と同じ半導体を使用

　熱起電力電池(熱電池)とは、このゼーベック効果を利用して、電気を取り出す電池となります。

　実用化されている熱起電力電池には、熱電変換素子(熱電発電モジュール)があります。これは金属より高い起電力が得られる半導体で、太陽電池に使われているものと同じ、n型半導体とp型半導体が使われています。

　熱電変換素子の高温側電極を加熱すると、熱が高い箇所で電子や正孔が生じ、これらは熱の低い方へ移動しようとします。このとき外部回路に電子を流すことで、電子と正孔が結合して安定化しようとするので、電流が流れます(図6-14)。

　このように熱起電力電池は、**化学反応ではなく、熱から直接電気を得られる**ので熱電池とも呼ばれ、物理電池の一種です。

捨てていた熱を回収して利用する

　熱起電力電池は、小型冷蔵庫やワインクーラー、離島やへき地、宇宙や海底の長期無保守の電源として用いられています。また熱起電力電池を用いて、家庭や工場の排熱や地熱、海洋熱など、これまで捨てられてきた熱を効率よく回収する方法が研究されています。

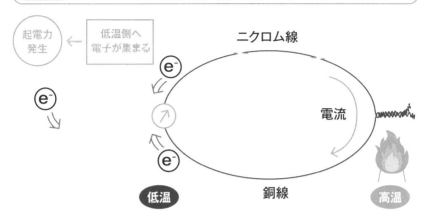

図6-13 ゼーベック効果の原理

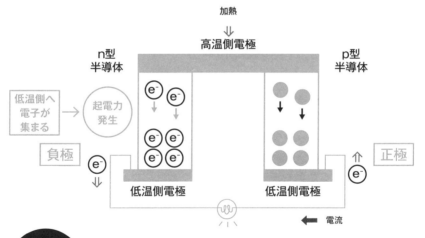

図6-14 熱電変換素子の構造

Point

- 2種類の金属や半導体を閉回路にして両端に温度差を与えて電流が流れる、ゼービック現象を利用して電気を取り出すのが、熱起電力電池である
- 実用化されている熱起電力電池は半導体を用いており、太陽電池と同じn型半導体とp型半導体を使って発電する
- 熱起電力電池は、熱から直接電気を得られるので熱電池とも呼ばれ、物理電池の一種である

原子力エネルギーから 電気を作る

原子力エネルギーを電池にする

　「原子力エネルギーから電気を作る」と聞くと、原子力発電をイメージする人も多いかもしれません。しかし、これは火力発電と同様の発電方式であり、電池ではありません。

　原子力電池（放射能電池、ラジオアイソトープ電池、RI電池）では、放射性物質（ラジオアイソトープ）が崩壊したときに得られる熱を利用して、電気を取り出します。用いる放射性物質は、当初はセリウム、キュリウム、ストロンチウムなどでしたが、現在はほとんどがプルトニウムで、1960年代に宇宙用として実用が始まりました。

長期安定する電池

　放射性物質に中性子が衝突し、崩壊するときに放出されるα線とβ線の放射線は物質に吸収されると、高い熱エネルギーを放出します。保温材に熱エネルギーを閉じ込めると高い温度が得られるので、この高温と周囲の温度差によるゼーベック効果（**6-6**）により電気が得られます。具体的には熱電変換素子を用いて発電します（図6-15）。

　使用されている放射性廃棄物プルトニウムは、物質中の核種が崩壊し、安定するまで時間がかかります。そのため長期間安定してエネルギーが供給可能であるので、太陽電池が利用できない深宇宙空間など、探索機に搭載されていました。また寿命の長い電池は、体内に埋め込む手術の回数が少なくなることから、心臓ペースメーカー用に用いられたこともあります（図6-16）。

　しかし搭載していた人工衛星の事故により、プルトニウムが陸地に墜落して空間に放出された事故や、放射性物質を心臓ペースメーカーの小さな電池に完全に閉じ込める技術が難しいことから、現在では十分に寿命の長いリチウムイオン電池に代わっています。近年は炭素14を用いたダイアモンド電池の研究が注目されています。

図6-15　原子力電池の原理

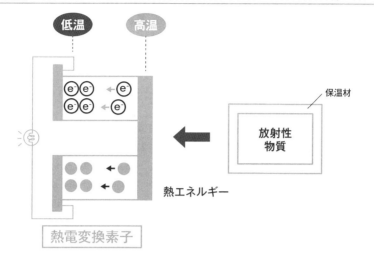

低温　高温

熱エネルギー

熱電変換素子

保温材

放射性物質

図6-16　原子力電池の構造

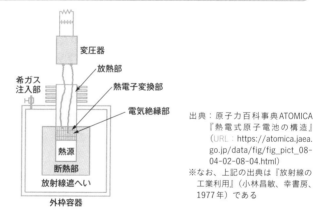

変圧器
放熱部
熱電子変換部
電気絶縁部
希ガス注入部
熱源
断熱部
放射線遮へい
外枠容器

出典：原子力百科事典ATOMICA
『熱電式原子電池の構造』
（URL：https://atomica.jaea.
go.jp/data/fig/fig_pict_08-
04-02-08-04.html）
※なお、上記の出典は『放射線の
工業利用』（小林昌敏、幸書房、
1977年）である

Point

🖊 原子力電池で用いる放射性物質は、現在はほとんどがプルトニウムである

🖊 原子力電池では、放射性物質に中性子が衝突し、崩壊するときに放出される高い熱を利用して熱電変換素子を使うことで電気が得られる

🖊 長期間安定してエネルギーが供給可能であるため、原子力電池は宇宙探索機や心臓ペースメーカーに使われていたが、現在はリチウムイオン電池が使われている

≫ 化学反応なしに電気をためて活用する蓄電装置①

電気をためる蓄電装置コンデンサ

コンデンサは、電池と同じく、電気を蓄えたり、放出したりする機能を持っていて、多くの電子機器に組み込まれています。コンデンサの構造は、基本的に2つの電気を通す金属板で、電気を通さない絶縁体（**6-3**）をはさんだものです。

コンデンサに外部電極から電気を流すと、絶縁体には流れず、2つの電極板に負電荷の電子と正電荷の正孔がたまります。これらの電子に引き寄せられ、絶縁体の両端にも電子が集まり、結果として電子がたまっているような状態になります。これは誘電分極と呼ばれ、外部電極から電気を流すのを止めても保持されます（図6-17）。また回路に電球をつけると、電気は流れて放電します。

このようにコンデンサは、**化学的な反応を起こさず、直接電気をためて、必要なときに取り出すことができる**蓄電装置なのです。

コンデンサと同じ現象を作り出す

電解質に、その電解質に溶けない2つの金属板を入れて電気を流すと、コンデンサのように誘電分極が起きます。例えば負極電極と電解液の界面では、電極側に負電荷の電子、電解液側に電解質中の陽イオンが引き寄せられ、電荷の層ができます。これが電気二重層と呼ばれるものです（図6-18）。また正極界面でも同様に、誘電分極により正電荷の正孔と陰イオンが引き寄せられて、電気二重層が形成されます。

このように電池の化学反応が起こらないような材料を用いた電極と電解質に電気を流すと、電極と電解質の界面に電気二重層が生じます。この電気二重層に電気をためて電池として利用するのが、電気二重層（スーパー）キャパシタ（EDLC）です。

電気二重層キャパシタは、化学反応を使わずに電気をためて、必要なときに取り出す、物理二次電池といえます。

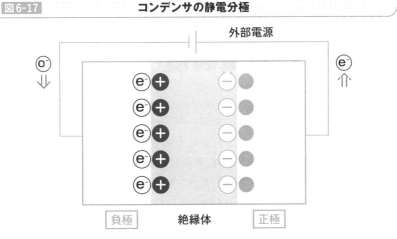

図6-17　　　　**コンデンサの静電分極**

外部電源

o⁻
⇓

e⁻
⇑

負極　　　　絶縁体　　　　正極

図6-18　　　　**電気二重層の発生**

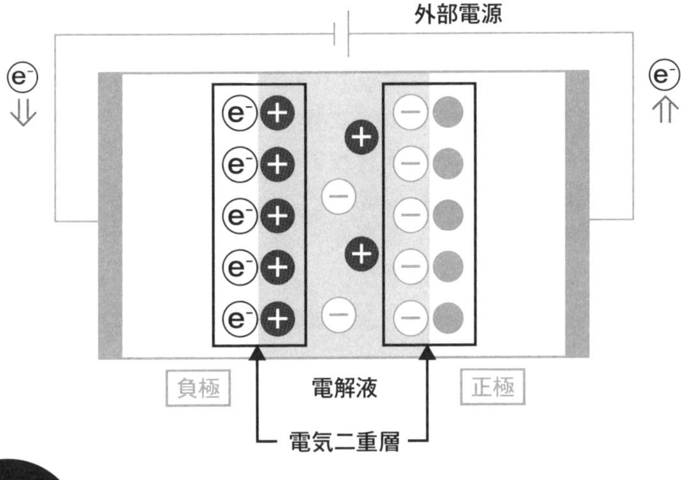

外部電源

e⁻
⇓

e⁻
⇑

負極　　　　電解液　　　　正極

電気二重層

Point

- コンデンサは、化学的な反応を起こさず、直接電気をためて必要なときに取り出すことができる蓄電装置である
- 電池の化学反応が起こらないような材料を用いた電極と電解質に電気を流すと、誘電電極により電気二重層が形成される
- 電気二重層キャパシタは、化学反応によらず、電気二重層を生成することで充放電を行う、物理二次電池である

》化学反応なしに電気をためて活用する蓄電装置②

電気二重層キャパシタの構造

電気二重層キャパシタは、1957年にゼネラルエレクトリック社（米）で開発され、1987年に日本で世界に先駆けて実用化されました。電池構造は、化学電池と同様に、2つの電極と集電体、電解質、セパレータとなります。電極には、2つとも同じ材料が使われ、多孔質の活性炭素などを用います。電解質は二次電池と同様に、有機溶媒や水溶液など用途によって使い分けられます。円筒形、箱形、コイン形とさまざまな形状があります。

キャパシタの充放電のしくみ

電気二層キャパシタの2つの電極に外部電源から電気を流すと、電極と電解質の界面に電気がたまり、電気二重層が形成されます（**6-8**）。このとき、キャパシタが充電された状態となります（図6-19）。

充電されたキャパシタの回路に電球をつなぐと、負極の電子が回路に流れ、陽イオンが界面を離れて、電解質中に拡散します。正極では、負極から電子が流れて来て、正孔がなくなり、陰イオンが界面を離れて、電解質中に拡散します。これがキャパシタの放電した状態です。

小型電子機器の中で活躍中

電気二層キャパシタの充放電は、**化学反応を起こさず、電解質のイオンの移動のみ**です。充放電を繰り返しても性能劣化はほとんど起こらず、サイクル寿命も数百回に及びます。また充放電時間が短く、使用可能な温度範囲も広いという利点があります。一方でエネルギー密度が小さい、自己放電が比較的大きい、二次電池に比べてコスト高などの課題があります。コイン形が小型電子機器のメモリーバックアップ用としてよく採用され、非常用電源などにも使われています（図6-20）。また大型化したものが、建設機械の分野でキャパシタ搭載の油圧機器など、実用化が進められています。

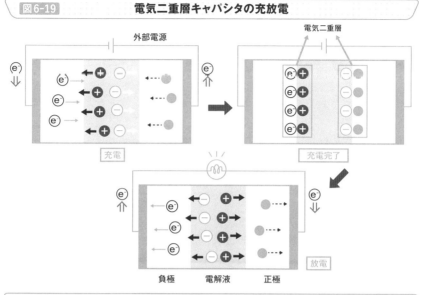

図6-19　電気二重層キャパシタの充放電

外部電源

電気二重層

充電　充電完了

放電

負極　　電解液　　正極

図6-20　電気二重層キャパシタの構造

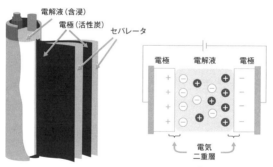

電解液（含浸）
電極（活性炭）
セパレータ

電極　　電解液　　電極

電気
二重層

出典：日本ケミコン株式会社『DLCAP基礎知識』
（URL：https://www.chemi-con.co.jp/products/edlc/knowledge.html）

Point

✎ 電気二重層キャパシタの電池構造は、化学電池と同様に2つの電極と集電体、電解質、セパレータからなる

✎ 電気二層キャパシタの充放電は、化学反応を起こさないので、充放電を繰り返しても性能劣化はほとんど起こらず、サイクル寿命も数百回に及ぶ

✎ コイン形が小型電子機器のメモリーバックアップ用によく採用されており、非常用電源などにも使われている

やってみよう

コンデンサの瓶（ライデン瓶）を作ってみよう

電気をためておくコンデンサ（**6-8**）は、電気を通す金属板で、電気を通さない絶縁体をはさんだ構造となります。1746年世界初のコンデンサであるライデン瓶は、ガラスにスズ箔を塗ったものでしたが、今回は身近な素材で作ってみましょう。

用意するもの

・プラスチックのカップ2個	・化学繊維を使ったマフラー
・アルミホイル	・細長い風船1個

やり方

❶コップにアルミホイルを巻き付けたものを2個作り、重ねます。

❷コップとコップのすき間に、アルミホイルを幅1cmくらいに細長く折った突起状のものをはさみます。

❸風船とマフラーをこすりあわせて静電気を起こし、風船をコップの突起部分に近づけます。これを何度か繰り返します。

❹コップを手に持って、突起部分に触れてみましょう。バチッと感じたら成功です。

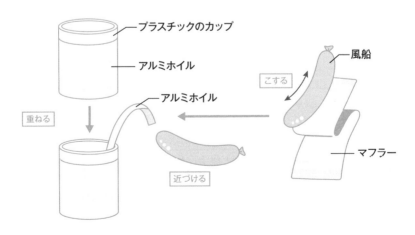

第 7 章

電池をめぐる世界

～変化の中にある日本の電力エネルギー～

» 再生可能エネルギーの 電力貯蔵と二次電池

日本のエネルギー事情

　日本のエネルギーは石油、石炭、LNG（天然ガス）といった化石燃料に大きく依存し、国内にこれらのエネルギー資源がとぼしいため、ほとんどが海外からの輸入です。日本の化石燃料への依存度は、1970年代のオイルショックで少し下がりましたが、特に2011年東日本大震災以降は再び増加し、2019年度は84.8％となっています（図7-1）。海外にエネルギー資源を依存していると、2022年のロシアによるウクライナ侵攻など国際情勢の影響によって安定供給が難しくなります。

エネルギーの安定供給

　そこで注目されているのが、輸入に依存する化石燃料とは異なり、**国内に降り注ぐ太陽や吹く風を利用して発電できる再生可能エネルギー**です。

　しかし再生可能エネルギーは季節や天候だけでなく1日の時間帯によっても発電量が大きく変動するため、これだけで電力需要はまかなえません。一方の電力需要も昼間と夜間の需要の変動が大きく、さらに盛夏に最大需要、その他の時期は減少するという傾向で変動します。そこでエネルギーの安定供給のために、再生可能エネルギーだけでなく、火力発電や水力発電などの発電量が調整できる電源を組み合わせています。

電力貯蔵のための二次電池

　二次電池をうまく活用すると、電力需要の少ない日には、余った電力（余剰電力）をためておいて（電力貯蔵）、需要が大きいときや災害時に使うことができます。小規模なものにはリチウムイオン電池（第4章）やニッケル水素電池（3-13）、中規模から大規模なものにはNAS電池（3-16）やレドックスフロー電池（3-19）が、電力貯蔵の二次電池として活用されています（図7-2）。

図7-1　日本の化石燃料の供給推移

LNG 1.6%
原子力 0.6%
水力 1.4%
再エネ等(※)1.0%
石炭 16.9%
1973年度 第一次石油ショック時
石油 75.5%
化石燃料依存度 94.0%

再エネ等(※)4.4%
水力 3.3%
原子力 11.2%
石炭 22.7%
LNG 18.2%
2010年度(東日本大震災前)
石油 40.3%
化石燃料依存度 81.2%

原子力 2.8%
水力 3.5%
再エネ等(※)8.8%
石炭 25.3%
LNG 22.4%
2019年度(最新)
石油 37.1%
化石燃料依存度 84.8%

※四捨五入の関係で、合計が100%にならない場合がある。
※再エネ等(水力除く地熱、風力、太陽光など)は未活用エネルギーを含む。

出典：経済産業省 資源エネルギー庁『日本のエネルギー 2021年度版「エネルギーの今を知る10の質問」』
　　　(URL：https://www.enecho.meti.go.jp/about/pamphlet/energy2021/001/)

図7-2　再生エネルギーと二次電池

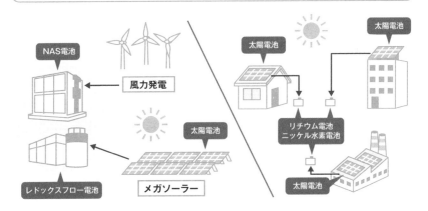

NAS電池
風力発電
太陽電池
メガソーラー
レドックスフロー電池
太陽電池
リチウム電池 ニッケル水素電池
太陽電池

Point

- 日本のエネルギーは化石燃料に大きく依存しており、国内にこれらのエネルギー資源がとぼしいため、ほとんどが海外からの輸入である
- 再生可能エネルギーは季節や天候などで発電量が大きく変動するため、火力発電や水力発電などの発電量が調整できる電源を組み合わせている
- 需要の少ない日には、余剰電力を二次電池にためておけば、需要の多い日や災害時などに使うことができる

≫ 二酸化炭素排出量を ゼロにせよ!

世界の平均気温の上昇を1.5度以内に!

近年、メディアなどでよく見聞きするカーボンニュートラルとは、気候変動に関する政府間パネル（IPCC）が2018年に公開した「IPCC1.5℃特別報告書」から始まりました。

この中で、2016年パリ協定の長期的な削減目標にもとづいて「産業革命以降の平均気温の上昇を1.5度以内におさえるため、2050年近辺までのカーボンニュートラルが必要」と示唆されたのでした。これを受けて日本を含む120以上の国と地域が「2050年カーボンニュートラル」を表明しています（図7-3）。

「炭素を中立化する」とは?

日本政府が目指すカーボンニュートラルとは、二酸化炭素（CO_2）だけでなくメタン（CH_4）、一酸化窒素（N_2O）、フロンガスを含む温室効果ガスの「排出を全体として正味ゼロとする」という意味です。つまり、**排出量から吸収量と除去量を差し引いた合計をゼロにする**」ことを目指しているのです。

どうしても削減できない排出量は、例えば植林により光合成に使われる大気中の二酸化炭素の吸収量を増やすことなどで減らします。

需要の電化×電源の低炭素化

日本は2021年の国連会議（COP26）で「2030年に温室効果ガスの排出量を（2013年度比の）46%削減」という独自の目標を宣言しています。

これほどの大幅な削減を実現するためには、「**需要の電化（電気以外をエネルギー源としている機器を、電気で稼働するものに変える）×電源の低炭素化（発電方法を二酸化炭素排出量の少ない低炭素なものにしていく）**」といった戦略が必要となります（図7-4）。

図7-3	**2050年カーボンニュートラル達成のイメージ**

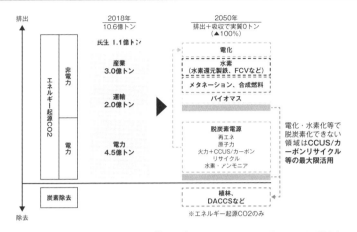

出典：経済産業省 資源エネルギー庁『「カーボンニュートラル」って何ですか？（後編）』
（URL：https://www.enecho.meti.go.jp/about/special/johoteikyo/carbon_neutral_02.html）

図7-4	**需要の電化×電源の低炭素化の具体例**

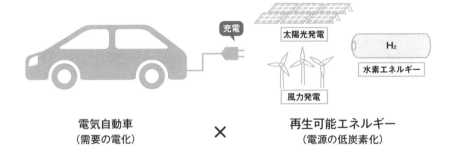

電気自動車
（需要の電化）

×

再生可能エネルギー
（電源の低炭素化）

Point

- 気候変動に関する政府間パネル（IPCC）は2018年に「産業革命以降の平均気温の上昇を1.5度以内におさえるため、2050年近辺までのカーボンニュートラルが必要」と報告書の中で示唆した
- 日本政府が目指すカーボンニュートラルとは、温室効果ガスを「排出を全体として正味ゼロとする」という意味である
- カーボンニュートラル実現には、「需要の電化×電源の低炭素化」といった戦略が必要となる

》 日本のエネルギー構造を 変える電気自動車

急速に広がる電気自動車

エジソンの電気自動車発明（**3-10**）から約120年が過ぎ、一度は忘れさられた電気自動車（EV）の普及が急速に進んでいます。すでにイギリスや欧州、インドでは2030年からガソリン・ディーゼル車の販売停止が決定しています。アメリカでも一部の州では2035年からの販売禁止が決まり、他の州もこれに続くと予想されます。日本でも2035年にガソリン車の新車販売終了が決定しており、特に東京都内では乗用車のみ、いち早く2030年からガソリン車禁止となる予定です。

電気自動車の普及の意義

世界中で電気自動車へと加速する理由は、まず**二酸化炭素を排出しない**からです。また車載用の二次電池を充電する電源も、二酸化炭素を排出しない再生可能エネルギーを使えば（ゼロエミッション電源）、自動車をめぐる二酸化炭素の排出がすべてゼロになります。

日本における二酸化炭素排出量のうち、自動車を含む運輸部門が17.7％を占めることから、これは大きなインパクトになります（図7-5）。エネルギーの自給率の問題や過剰な石油依存の現状打破に役立ち、2050年のカーボンニュートラルの実現を進め、日本のエネルギー構造を大きく変えることが期待できます。

二次電池としても活用できる電気自動車

車載用の二次電池は、余った電気をためておき、電力不足のときや災害時に利用することができます。電気をためる役割しか持たない高額な二次電池を購入するよりも、移動手段の電池を活用できるので、そのぶんコストも安くなります（図7-6）。さらに将来は仮想発電所（**7-4**）やディマンド・リスポンス（**7-5**）への活用も期待できます。

| 図7-5 | 運輸部門における二酸化炭素の排出量 |

日本の二酸化炭素排出量

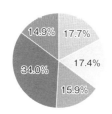

- 運輸部門（自動車・船舶等）1億8,500万トン＜17.7%＞
　業務その他部門1億8,200万トン＜17.4%＞
- 家庭部門1億6,600万トン＜15.9%＞
- 産業部門3億5,600万トン＜34.0%＞
- その他1億5,500万トン＜14.9%＞

運輸部門の二酸化炭素排出量

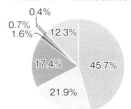

- 自家用乗用車8,440万トン＜45.7%＞
　営業用貨物車4,039万トン＜21.9%＞
- 自家用貨物車3,210万トン＜17.4%＞
- バス294万トン＜1.6%＞
- タクシー126万トン＜0.7%＞
- 二輪車75万トン＜0.4%＞
- その他（航空、内航海運、鉄道）2,294万トン＜12.3%＞

データ出典：国土交通省『運輸部門における二酸化炭素排出量』（URL：https://www.mlit.go.jp/sogoseisaku/environment/sosei_environment_tk_000007.html）をもとに著者が作成

| 図7-6 | 電気自動車のメリット |

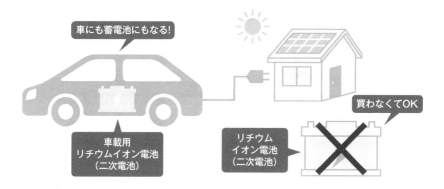

Point

- イギリスを含む欧州やインドでは2030年、アメリカの一部の州では2035年にガソリン・ディーゼル車、日本では2035年にガソリン車の新車の販売終了が決定している
- 電気自動車に再生可能エネルギーで充電した二次電池を搭載することは、日本の二酸化炭素排出量削減の大きなインパクトになると期待できる
- 車載用の二次電池を活用すれば、高額な二次電池を購入するよりもコストをかけずに電気をためておくことができる

≫ 発電所がバーチャルになる!?

電力発電システムが分散?

　これまでの日本では、発電所などの電力設備から個人の住宅やオフィスなどの需要家（消費者）に電気を届けるというかたちでした。

　しかし近年、太陽光発電や燃料電池などの小規模の発電設備が、住宅やオフィスなどに設置されるようになりました（図7-7）。また二次電池や電気自動車、ヒートポンプ[1]なども普及し始めています。これまで電気を消費するだけだった需要家が、自ら電気を作り、電気エネルギーをためるようになってきたのです。

みんなで電力をシェアする

　住宅やオフィスに分散している発電設備を束ねて、1つの発電所のように利用するしくみを、仮想発電所（バーチャルパワープラント、VPP）と呼びます。例えば太陽光発電や風力発電などの再生可能エネルギーでは、天候によって発電量が変動し、需要バランスが崩れることがあります。そこで別の再生可能エネルギー発電機や二次電池からの電力エネルギーを、IoT技術[2]によって遠隔で調整すると、無駄なく電気を使えます。

電力の需要と供給を取り持つ司令塔

　仮想発電所では、電力の供給者と需要家の間で全体のバランスをコントロールする、アグリゲーターと呼ばれる特定卸供給事業者が司令塔としての役割を担うことになります（図7-8）。アグリゲーターは、ディマンド・リスポンス（**7-5**）でも**需要家を束ねて電力会社とつないで調整し、余った電力を電力市場で取引する**ため、新しいビジネスとして注目されています。

※1　ヒートポンプ：大気中の熱などを集めて、大きな熱エネルギーとして利用できる装置。冷暖房など用いられている。
※2　IoT技術：すべての機器がインターネットに接続し、通信を利用してサービスを提供する、モノのインターネット。

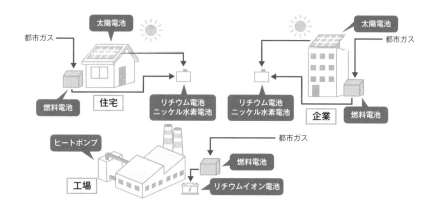

図7-7　需要家による小規模発電イメージ

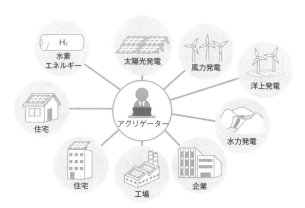

図7-8　仮想発電所（VPP）とアグリゲーター

Point

- 新しい電池の設置や技術の需給普及などにより、電気を使う需要家が自ら電気を作り、電気エネルギーをためるようになった
- 住宅やオフィスに分散している発電設備を1つに束ねて、1つの発電所のように利用しようというしくみを仮想発電所という
- 仮想発電所では、電力の供給者と需要家の間で全体のバランスをコントロールするアグリゲーターが司令塔としての役割を担う

» 再生可能エネルギーの課題を解決するネガワット取引

再生可能エネルギーの課題

電力発電システムが分散するという変化の中で、カーボンニュートラル実現への流れが加速しています。そこで再生可能エネルギーの導入が重要となってきています。

しかし課題となっているのが、再生可能エネルギーの変動性です。太陽光発電や風力発電などは、天候や季節、時間帯などによって発電量が大きく変わります。そのため**天候と発電量に合わせて細やかな需給コントロールが必要**となります。

電気を使う需要家（消費者）が調整？

そこで注目したいのが、需要家が使う量や時間などを調整することで、電力需要のパターンを変化させるディマンド・リスポンス（DR）です。例えば、電力は冷房や暖房、照明などの利用が多くなる日中や、太陽光の発電量は少なくなる夕方など、需要がひっ迫しやすい時間帯に、需要者が電気を使う量を減らせば、需要量をおさえる「下げDR」ができます（図7-9）。反対に春や秋の昼間のように太陽光がたくさん発電し、需要が比較的小さくて電力が余りそうな時期には、電池を充電するなどの「上げDR」ができます。

電気料金型とインセンティブ型

これまではピーク時に電気料金を値上げすることで、需要者に電力需要の抑制を促してきました（電気料金型）。そこでインセンティブ型ディマンド・リスポンス（ネガワット取引）というシステムでは、ピーク時などに節電することを、あらかじめ電力会社と約束して、依頼に応じて節電した場合に、対価を得ることができます（図7-10）。

このネガワット取引は、個人の小口需要者には難しいとされてきましたが、カーボンニュートラル達成のためにも、普及が期待されています。

図7-9　「下げDR」と「上げDR」のイメージ

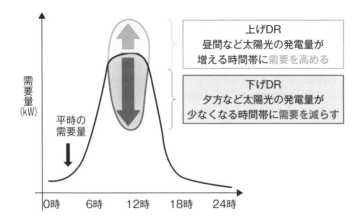

上げDR
昼間など太陽光の発電量が
増える時間帯に需要を高める

下げDR
夕方など太陽光の発電量が
少なくなる時間帯に需要を減らす

図7-10　ネガワット取引のイメージ

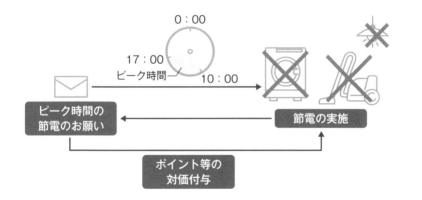

0：00
17：00
ピーク時間
10：00

ピーク時間の
節電のお願い

節電の実施

ポイント等の
対価付与

Point

∥ 再生可能エネルギーの導入が進んでいるが、天候や季節、時間帯などに
　よって発電量が変化することが課題である
∥ 電気を使う需要家が、使う量や時間などを調整することで、電力需要の
　パターンを変化させることをディマンド・リスポンス（DR）という
∥ 電力会社の依頼に応じて節電し、対価を得るネガワット取引は、カーボ
　ンニュートラル達成のためにも必要である

» リチウムイオン電池の リサイクル事情

電池のリサイクルはビジネスチャンス

　リチウムイオン電池は、原材料に有用な金属を含んでいます（図7-11）。今後さらに需要が拡大すると、資源の枯渇問題や価格上昇により、長期的な原材料の確保が懸念されます。そこで、使用済みのリチウムイオン電池からレアメタルをリサイクルすることは、**原材料の安定確保、環境にやさしい循環社会の実現とともに、新しいビジネスチャンスにつながります。**

リサイクルが難しい小型のリチウムイオン電池

　排出協力店などで回収された使用済みの小型リチウムイオン電池のリサイクルは、焼却して酸に溶かした後、溶媒抽出、電解工程などを経て、コバルトやニッケルが別々に回収されています。しかしリチウムについては、処理工程が複雑でコストがかかるため、スラグ（精錬廃棄物）にされる場合が多いです。

車載用の電池のリユースとリサイクル

　ハイブリッドカーに搭載されていたニッケル水素電池の場合、自動車各社が電池回収し、材料メーカーとのリサイクル事業が定着しています。同様に車載用リチウムイオン電池の回収も、自動車業界が中心になって進めています。車載用のリチウムイオンは、一般的に電池容量が初期機能の20〜30％ほど低下した時点で寿命とされており、「電池そのものを再使用する」リユースが先行しています。すでに「電動車活用社会推進協議会」が2019年に立ち上げられ、リユースシステムの実装・拡大に向かっています。

　最新の車載用リチウムイオン電池のリサイクル技術では、使用済みのリチウムイオン電池を焼却せずに解体して、正極材からニッケルとコバルトを、水素吸蔵合金の原料となる合金として取り出す方法が確立されました（図7-12）。ここでもリチウムの回収はコストの問題で難しいままです。

| 図7-11 | 小型二次電池の再資源工程 |

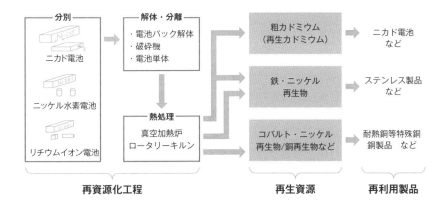

| 図7-12 | 車載用リチウムイオン電池のリサイクル方法 |

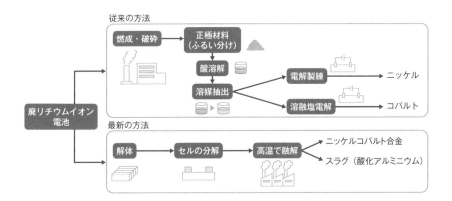

Point

- リチウムイオン電池に含まれるレアメタル金属をリサイクルすることは、新しいビジネスチャンスでもある
- 小型のリチウムイオン電池からはコバルトやニッケルが別々に回収されるが、リチウムはコストがかかるため、スラグにされる場合が多い
- 車載用のリチウムイオン電池の正極材からニッケルとコバルトを水素吸蔵合金の原料となる合金として取り出す方法が確立された

やってみよう

　第4章の「やってみよう」で計算した充電したい家電の電力をもとに、ベランダ発電に必要な太陽電池とバッテリーを選んでみましょう。また実際に太陽電池をベランダに設置して充電してみましょう。

❶充電したい電力量と予算や設置スペースに合わせて、太陽電池とバッテリーを決定しましょう。

（例）ベランダが狭いので電池は1個、災害時を想定するとバッテリーは容量が大きいものが理想
→100Wの太陽電池1個、720Whのバッテリーを選択
　　1日の在宅勤務に使う電力量は180Whなので、720Whのバッテリーなら4日間賄える。災害時には80Wの石油ファンヒーターが9時間使用可能

❷太陽電池でバッテリーを満タンまで充電するのに、どのくらい時間がかかりますか？

（例）日本の1日の日照時間は年間平均3.3時間。100Wの太陽電池の1日の平均発電量は、100W×3.3時間＝330Whなので、720Whのバッテリーを満タンにするには、2、3日かかる

❸太陽電池の設置場所と発電量の関係はどのようなものでしょうか？　設置場所やパネルの角度を変え、同じ時間で発電して比べてみましょう。

（例）設置場所が日陰になると、発電量は少なくなる

用 語 集

[※「→」の後ろの数字は関連する本文の節]

A～Z

NAS電池 (→3-16)
高温で電解質に、固体電解質βアルミナを溶融塩として用いた溶融塩二次電池であり、熱電池の一種。

Ni-H2電池 (→3-15)
初期の「ニッケル水素電池」で、電池自体を圧力容器内に収納し、高圧水素ガスを充満させた二次電池。

あ行

亜鉛‐ハロゲン電池 (→3-22)
負極に亜鉛、正極に臭素や塩素などハロゲン元素を用いた二次電池。亜鉛のデンドライトや自己放電という課題があり、過去に何度も実用化を試みられたが、実用化には至っていない。

アニオン交換型 (→5-5)
放電の際に、水酸化物イオンが電解質中を、空気極から燃料極へ移動する反応を起こす燃料電池。炭酸イオンや酸素イオンが移動するものもある。

アルカリ形燃料電池（AFC） (→5-5)
電解質に水酸化カリウムなどの強アルカリ電解液を用いた、最も古い歴史を持つ燃料電池。主に宇宙空間で活躍した。

アルカリ乾電池 (→2-4)
現在最も普及している一次電池で、正式にはアルカリ・マンガン乾電池。マンガン乾電池に似て、負・正の電極、公称電圧も同じだが、マンガン乾電池よりも電気容量が約2倍大きく、長持ちする。

イオン化傾向 (→1-7)
金属ごとの陽イオンになりたがる強さのこと。

一次電池 (→1-3)
使い切り式の化学電池のこと。電池の化学反応が可逆でないため、充電できず、1回の放電のみで使用する。

インサイドアウト構造 (→2-12)
正極の物質が負極の物質を包み込んだ構造。電池内部に多くの物質を格納できるので電気容量が大きく、長時間使用が可能。

インターカレーション反応 (→4-2)
結晶を構成する格子のすき間に、原子やイオンを吸蔵・離脱すること。黒鉛の場合、基本的な結晶構造には変化しない。

エネルギー密度 (→)
体積当たりまたは重量当たりの、電池の公称電圧（V）と電気容量（Ah）をかけ合わせたもの。高いほど、体積または重量がより小さくて、大きなエネルギーが取り出せることを意味する。

塩化チオニルリチウム電池 (→2-14)
正極に塩化チオニルを用いたリチウム一次電池。公称電圧3.6Vと最も高く、幅広い使用温度で、10年以上の使用が可能。

オキシライド乾電池 (→2-18)
アルカリ乾電池の正極を、オキシ水酸化ニッケルと二酸化マンガン、黒鉛の混合物に置き換えて改良した乾電池。高い初期電圧のため使用禁止となる機器が現れ、生産中止となった。

か行

海水電池 (→2-20)
海水を注入または浸すことで正極の発電物質が吸収し、海水が電解質となり、放電する電池。

化学電池 (→1-2)
化学反応で電気を作る電池。使い捨てか、繰り返し使えるかどうかで3種類に分類できる。

過充電 (→3-6)
二次電池の充電反応が終了した後も、さらに充電反応を続けること。水素や酸素ガスなどの発生により液漏れや破裂、爆発などの危険がある。

ガスナーの乾電池 (→1-11)
電解液に石こうの粉末を混ぜてペースト状にして、ルクランシェ電池の液漏れ問題を解消した公的には世界初の乾電池。

カチオン交換型（AFC） (→5-2)
放電の際に、水素イオンが電解質中を、燃料極（負極）から空気極（正極）へ移動する反応を起こす燃料電池のこと。

過放電 (→3-3)
二次電池の放電反応が終了した後も、さらに放電反応を続けること。電池の寿命が低下することがある。

乾電池 (→)
液体の少ない「乾いた電池」という意味を持ち、電解溶液をゲル状にして固体に染み込ませることで、液漏れなどの不具合をなくした電池。最も古い歴史を持ち、1番普及している電池である。

空気亜鉛電池 (→2-10)
正極で空気中の酸素が還元されるため、使用時には、負極の空気孔のシールをはがして使う。放電電圧が長時間一定で、一次電池の中でエネルギー密度が1番高いが、低温での使用不可のため、現在はボタン形が補聴器などに使用されているのみ。

空気亜鉛二次電池 (→3-23)
一次電池の中で最も電気容度の高い空気亜鉛電池を、充電可能にした二次電池。今後の実用化に期待。

空乏層 (→6-4)
2種類の半導体の接合部分で、負電荷の電子と正電荷の正孔が互いに引き合い、電気的に中和結合して消滅し、電荷の存在しない領域のこと。

クロスオーバー現象 (→5-10)
燃料電池の化学反応において、燃料が電解質の高分子膜を通り抜け、反対側の電極に移動すること。そのため一部が反応して電圧が低下させる問題が生じる。

減極剤 (→2-3)
電池の反応を阻害する水素イオンを吸収して、電圧降下を起こす分極を防ぐ働きをする物質。

原子力電池 (→6-7)
放射性物質が崩壊した時に得られる熱を利用して、電気を取り出す物理電池の一種。長期間安定してエネルギーが供給可能。

公称電圧 (→2-2)
JIS規定により、電池の種類ごとに定められた、通常の状態で使用した場合の端子間の電圧の目安。

固体高分子形燃料電池（PEFC） (→5-9)
高分子ポリマーを電解質に用いた燃料電池。小容量でも発電効率が高く、家庭用から自動車用まで、さまざまな分野で実用化が可能。

固体酸化物形燃料電池（SOFC） (→5-8)
高温で酸素イオンを通過させるセラミックスの一種を電解質に用いた燃料電池。都市ガスなどの排熱利用への実用化が進んでいる。

コバルト酸リチウム電池（LCO） (→4-3)
負極活物質に黒鉛、正極にコバルト酸リチウムを用いており、1991年に日本で初めて商品化され、現在最も使われているリチウムイオン電池。

コンデンサ (→6-8)
2つの電気を通す金属板で、電気を通さない絶縁体をはさんだ構造で、電気を蓄えたり、放出したりする機能を持っていて、多くの電子機器に組み込まれている。

さ行

サルフェーション現象 (➡3-4)
鉛蓄電池の電極が、放電時に形成された白く固い結晶に覆われてしまう現象。長時間放置などにより、電池反応が起こらず「バッテリーが上がる」劣化状態となる。

酸化銀電池 (➡2-9)
放電電圧は長時間一定で、長持ちし、動作温度範囲が広いため、腕時計、電卓などによく使われた。正極の銀の高騰によるコスト高や電気容量の不足などから、別の電池が代替するようになった。

酸化銅リチウム電池 (➡2-16)
正極に酸化銅を用いた1.5Vのリチウム一次電池。酸化銀電池の代替品として開発されたが、性能に問題があり、現在では製造中止。

三元系（NCM系、NMC系）リチウムイオン電池 (➡4-10)
正極に三元系と呼ばれる「ニッケル・コバルト・マンガン複合酸化リチウム」を用いたリチウムイオン電池。三元系の結晶は層状岩塩構造だが、元素の割合によって、安定化されて変形しにくい構造となった。

自己放電 (➡2-5)
使用しないで放置しておいた電池が、活物質と電解質の間で、または両極の活物質が電解質を通して反応して、電気容量が低下してしまうこと。

湿電池 (➡1-3)
電解液を液体の状態で使用している電池。使用方法や持ち運びが限定されるため、現在ではほとんど製造されていない。

集電体 (➡2-1)
電池反応には関係せずに、反応によって得られた電子を集めるためだけの電池構成物質。電子をよく導く物質が使われている。

ショートサーキット（内部短絡） (➡2-1)
電子の移動が、外部回路ではなく、電解質の中で行われてしまうこと。電池の発熱・発火などの原因となる。

水銀電池 (➡2-8)
酸化水銀電池とも呼ばれ、放電電圧が長時間一定しており、長持ちするので、特にボタン形のものがよく補聴器用に使用されていたが、1995年に国内では製造中止となった。

スパイラル構造 (➡2-12)
正極の薄型の二酸化マンガンと負極のシート状の金属リチウムとを、セパレータをはさんで渦巻き状にした構造。電極の接触面積が大きいので、大電流が必要な機器で使われる。

生物電池（バイオ電池） (➡1-2)
酵素や葉緑素などの生体触媒や微生物の酸化還元反応など、生物化学反応を利用して電気を作る電池。

全固体電池 (➡4-16)
電池を構成する材料すべてが固体の二次電池で、リチウムイオン電池を改良したもの。電気自動車普及へのカギを握るとされる。

層状構造 (➡4-2)
黒鉛などのように、原子が規則正しく並び、板状の結晶体が積み重なった結晶構造。その層内の板状の面と面の間は弱い結合のため、ここにリチウムイオンが入ったり、放出したりできる。

た行

太陽電池 (➡6-1)
太陽などの光が物質に当たると電子が発生する起電力を利用して、電気を取り出す物理電池の一種。

多価イオン電池 (➡4-20)
マグネシウムやカルシウム、亜鉛、アルミニウムのような多価イオンを用いた二次電池。今のところ正極に用いて、充電可能な金属イオンは見つかっていない。

ダニエル電池 (➡1-9)
世界で初めての実用的な化学電池。ボルタ電池と同様に負極に亜鉛、正極に銅を用いたが、電解液に負極側と正極側をそれぞれ硫酸亜鉛溶液、硫酸銅溶液と異なる種類を使用し、これらの電解液を素焼きの容器のセパレータで分離させた。

チタン酸系リチウムイオン電池（LTO） (➡4-13)
負極にチタン酸リチウムを用いたリチウムイオン電池の種類。代表的なものに正極にマンガン酸リチウムを用いたSCiBがある。

注水電池 (➡2-19)

水や海水など水分を注入して使用する電池。注入した水分が電解質となって放電が始まるので、未開封であれば長期間の保存が可能となる。

直接メタノール形燃料電池（DMFC） (➡5-10)
固体高分子形燃料電池の水素をメタノールに置き換えたもの。水素イオンが電解質中を移動して、二酸化炭素と水を生成するという、ほかの燃料電池とは異なる反応を示す。

電解質 (➡2-1)
電気を通す液体または固体のこと。電池の酸化還元反応に必要なイオンを、負極と正極の間で受け渡し、電子は通さず絶縁性を持ち、発熱・発火などの原因となるショートサーキットを防ぐ。

電気二重層キャパシタ（EDLC） (➡6-8)
電極と電解質の界面に誘電分極により生じた電気二重層に、電気をためて必要な時に電池として利用する、物理二次電池の一種。

デンドライト (➡3-12)
亜鉛、鉄、マンガン、アルミニウムなどの金属電極を用いた二次電池が、充電時に金属に戻って析出する際に生成する樹枝状結晶。充放電にともなって成長し、ショートサーキットを引き起こして発火や爆発を引き起こすことがある。

な行

ナトリウムイオン電池 (➡4-19)
リチウムとよく似た性質を持ち、安価で地球上に豊富に存在するナトリウムを使った、研究開発中の二次電池。

鉛蓄電池 (➡3-3)
安価でメンテナンスが簡単でメモリー効果もないため、発明から160年以上たった現在でも自動車のバッテリーなどで使われている二次電池。

ニオブリチウム二次電池 (➡4-15)
負極にリチウム・アルミニウム合金、正極に五酸化ニオブを用いたコイン形のリチウム二次電池。

ニカド電池 (➡3-7)
エネルギー密度が高いため、小型電気製品などによく使われていた二次電池。人体に有害なカドミウムが含むため、現在ではあまり製造されていない。

二酸化マンガンリチウム電池 (➡2-12)
正極に二酸化マンガンを用いたリチウム一次電池。リチウム一次電池の中で最もよく使われていて、公称電圧は3Vと高く、室温でも約10年間保存ができる。

二酸化マンガンリチウム二次電池 (➡4-14)
負極にリチウム・アルミニウム合金、正極に二酸化マンガンを用いた、リチウム二次電池。小容量のコイン形電池のみで商品化されている。

二次電池 (➡3-1)
何度か充電をして、繰り返し放電できる化学電池。発明された19世紀には、充電する時に使う電池を一次電池、充電される電池は二次電池と呼ばれていた。蓄電池とも呼ばれる。

ニッケル亜鉛電池 (➡3-11)
安価な亜鉛を使用し、エネルギー密度が高いアルカリ系二次電池。亜鉛のデンドライトにより、電圧がなくなるまで可能な充放電回数（サイクル寿命）が短いこともあり、普及することはなかった。

ニッケル乾電池 (➡2-17)
アルカリ乾電池の正極をオキシ水酸化ニッケルに改良した乾電池。発売後、発熱や動作不良、故障や不具合を起こし、製造中止となる。

ニッケル系（NCA系）リチウムイオン電池 (➡4-11)
正極にニッケル系と呼ばれる「ニッケル・コバルト・アルミニウム複合酸化リチウム」を用いたリチウムイオン電池。

ニッケル水素電池 (➡3-13)
負極に水素吸蔵合金を用いたアルカリ系二次電池。ニカド電池より電気容量が2倍で、有害なカドミウムを含まないので、ノートパソコンや音響機器によく使われたが、現在はリチウムイオン電池に代替している。

ニッケル鉄電池（エジソン電池） (➡3-7)
電気自動車の電源としてエジソンが特許を取得した、人体に有害なカドミウムを含まない二次電池。自己放電や水素ガスの発生などが課題がある。

熱起電力電池 (➡6-6)
2種類の金属や半導体を両端に接続させて、両端に温度差を与えると、電流が流れるゼーベック効果を利用して、電気を取り出す物理電池の一種。

燃料電池　(→5-1)

電極に水素と酸素を送り込むことによって、別々の場所で化学反応させることで、継続して電気を作り出す、発電装置のような電池。電気以外の生成物は水だけの、クリーンで安全なエネルギーである。

は行

バイオ燃料電池　(→5-11)

微生物または酵素を利用した燃料電池。高価な材料の必要がなく、至温での連転が可能で、環境を汚すこともない。

バグダッド電池　(→1-5)

バグダッド郊外の遺跡で発見されたバルティア時代の素焼きの壺。銅製の筒と鉄の棒が差し込まれており、ワインの腐敗でできた酢酸や食塩水を入れて、電池として使われたと考えられたことがある。

バナジウム・リチウム二次電池　(→4-15)

負極にリチウム・アルミニウム合金、正極に五酸化バナジウムを用いたコイン形のリチウム二次電池。

半導体　(→6-3)

導体と、絶縁体の中間の性質を持つ材料。外部から光や熱などのエネルギーを加えると、電気が流れやすくなる性質があり、太陽電池を構成するほとんどを占める。

標準電極電位　(→2-2)

金属のイオン化傾向を、標準状態（1気圧25度）の水素の電位を基準として数値化したもの。

フッ化黒鉛リチウム電池　(→2-13)

負極にフッ化黒鉛を用いたリチウム一次電池。耐熱性が高く、自動車の装備品などに使用されている。

物理電池　(→1-2)

光や熱など、物理エネルギーから電気を作る電池。

ペロブスカイト太陽電池　(→6-5)

色素増感太陽電池の一種で、高い交換効率を示し、非常にコストが安く、薄くて、軽く、折り曲げることができるので、設置場所を選ばない。次世代の太陽電池として、世界中から注目されている。

ボルタ電堆　(→1-5)

異なる2種類の金属を塩水に接触させることで電気が流れることを応用し、亜鉛と銅を塩水に浸したスポンジ状の物質をはさんだものを何層にも積み上げた電池の原型。

ボルタ電池　(→1-6)

ボルタ電堆を改良し、亜鉛と銅の2種類の金属と希硫酸を用いた、世界初の化学電池。イタリアの物理学者ボルタによって発明された。

ま行

マグネシウム注水電池　(→2-20)

負極にマグネシウムまたはマグネシウム合金が用いた、ほとんどが海水電池となり、海中・海中において使用する機器に用いられる。

マンガン乾電池　(→2-3)

ルクランシェ電池の液漏れを改良した乾電池で、国内初体は屋井乾電池。負極に亜鉛、正極に二酸化マンガン、集電体に炭素棒、電解質に塩化亜鉛からなり、二酸化マンガンは、水素イオンを吸収して分極を防ぐ減極剤の働きも行う。2008年3月に国内生産は終了。

マンガン酸リチウムイオン電池（LMO）　(→4-8)

正極にマンガン酸リチウムを用いたリチウムイオン電池。結晶構造がスピネル型で、熱的安定性が高い。

水電池　(→2-19)

水を注入すると、正極の発電物質が吸収し、この水そのものが電解質となって放電が始まる注水電池の一種。未開封であれば20年長期保存できるため、防災グッズとして発売されている。

メモリー効果　(→3-9)

電池の容量が残っている状態で、継ぎ足し充電を繰り返していると、いくら充電しても放電中に電圧が減少してしまう現象のこと。

モジュール電池　(→3-17)

セル（単電池）をいくつかつなげた大容量の電池。さらに多数のモジュール電池を詰めたユニットを並べると、大型化のNAS電池システムとなる。

や・ら行

屋井乾電池　(→1-11)

電解液を紙に浸してパラフィンで炭素棒を包むことで、ルクランシェ電池の液漏れ問題を解消した乾電池。屋井先蔵によって、ガスナーよりも先に発明されたが、特許を取得しなかったため、幻の「世界初」の乾電池となった。

ヨウ素電池　(→2-15)

負極にヨウ素を用いたリチウム一次電池。高い安全性で人工心臓のペースメーカーで使われている。2023年1月現在、すべてが輸入品で、国内メーカーは参入していない。

溶融塩一次電池　(→2-21)

使用時に電池内部の発熱剤から得られた熱で、電解質を溶かすことで、大きな電流を流す一次電池。熱を利用することから、「熱電池」と呼ばれることがある。

溶融炭酸塩形燃料電池（MCFC）　(→5-7)

高温では液体になり、高いイオン伝導率となる炭酸塩を電解質に用いた燃料電池。運転温度600〜700度の高温反応のため、燃料に制限がなく、簡素化が可能で、大規模発電に適している。

リザーブ電池　(→2-21)

電池内部の正極と負極が電気的に絶縁状態になるよう設計されており、未使用で長期間保存できる電池。

リチウム硫黄電池　(→4-18)

現在でも研究開発が続けられている、正極活物質に安価な硫黄化合物を用いた金属リチウム電池。

リチウムイオンキャパシタ　(→4-21)

電気二重層キャパシタとリチウムイオン電池をかけ合わせた二次電池。負極ではリチウムイオンのインターカレーション、正極では電気二重層の形成により、充放電が行われている。

リチウムイオン電池（LIB）　(→4-1)

電極にデンドライトができ、安全上の問題のある金属リチウムを用いず、負極にリチウムイオン、正極にリチウムイオンを吸蔵する材料を電極に活用した二次電池。

リチウムイオンポリマー電池　(→4-12)

形状がラミネート形のリチウムイオン電池。安全性が高く、一部の電気自動車への搭載に採用されているが、製造コストが高い。

リチウム一次電池　(→2-11)

負極に金属リチウムを使った一次電池の総称。高電圧でエネルギー密度が大きく、自己放電を起こさないため長期保存にも優れ、使用温度の範囲も広く、過酷な環境でも対応可能。

リチウム空気二次電池　(→4-17)

一次電池の亜鉛空気電池の原理を応用し、亜鉛の代わりに金属リチウムを用いて充電可能にしようと研究開発中の金属リチウム電池。

硫化鉄リチウム電池　(→2-16)

正極に二硫化鉄を用いた1.5Vのリチウム一次電池。アルカリ乾電池の約7倍長持ちし、3分の2の重量で、40度から60度と広い温度範囲で使える。

リン酸形燃料電池（PAFC）　(→5-6)

酸性のリン酸を電解質に用いた燃料電池。触媒に高価な白金を使用し、運転温度が約200度だが、都市ガスなどの排熱を有効利用できるので実用化が進んでいる。

リン酸鉄リチウムイオン電池　(→4-9)

正極にリン酸鉄リチウムを用いたリチウムイオン電池。マンガン系の電池のように発火原因となる酸素が放出されず、安全性が高い。

ルクランシェ電池　(→1-10)

マンガン乾電池のもとになった電池。負極は亜鉛、正極に多孔質容器に二酸化マンガンの粉末を詰めて炭素棒を差し込み、電解液に塩化アンモニウムを用いる。

レドックスフロー電池　(→3-19)

電解質中に両極の活物質を溶存させ、その電解液を外部のポンプから供給し、酸化還元により電気を取り出すフロー電池（電解液循環型電池）の一種。大規模な装置となるが、安全性が高く、設備の劣化も少なく、自己放電もほとんどない。

ロッキングチェア型電池　(→4-4)

リチウムイオン電池のように、イオンの往復で充放電する電池を、「ゆり椅子」の動きにたとえた電池の呼び方。

索引

[記号・アルファベット]

βアルミナ ……………………………112
IoT技術 ………………………………226
MH ……………………………………108
NAS電池 ………………………………112
NAS電池システム ……………………114
Ni-H₂電池 ……………………………110
n型半導体 ……………………………204
p型半導体 ……………………………204

[あ行]

亜鉛系 …………………………………18
亜鉛-臭素電池 ………………………124
アグリゲーター ………………………226
アニオン交換型 ………………………182
アルカリ形燃料電池 …………………182
アルカリ乾電池 ………………44, 70, 126
アルカリ系二次電池 …………………102
アルミ空気電池 ………………………128
アルミニウム電極 ……………………206
安定供給 ………………………………220
硫黄 ……………………………………164
イオン化傾向 …………………………26
イオン伝導性フィルム ………………104
イタイイタイ病 ………………………96
一次電池 ………………………18, 38, 126
陰イオン ………………………………216
インサイドアウト構造 ………………60
インターカレーション反応 …………132
運転温度 ………………………………180
エジソン ………………………………100
エネファーム …………………………196
エネルギー構造 ………………………224
エネルギー効率 ………………………178
エネルギー密度 …………………40, 138
塩化亜鉛 ………………………………42
塩化アルミニウムナトリウム ………122
塩化アンモニウム ……………………32
塩化チオニルリチウム電池 …………64
塩化ニッケル …………………………122
塩化リチウム …………………………64
オキシ水酸化ニッケル ………………94
オキシ水素化ニッケル ………………70
オキシライド乾電池 …………………72
オリビン型結晶構造 …………………146
温室効果ガス …………………………222

[か行]

カーボンニュートラル ………………222
改質処理 ………………………………184
海水電池 ………………………………76
化合物形系 ……………………………202
過充電 …………………………………88
価数 ……………………………………120
ガスケット ……………………………50
ガスナーの乾電池 ……………………34
化石燃料 ………………………………220
仮想発電所 ……………………………226
カチオン交換型 ………………………176
家庭用燃料電池 ………………………196
カドミウム ……………………………94
過放電 ……………………………50, 86,
ガラスセラミックス …………………160
カリウムイオン電池 …………………166
完全放電 ………………………………98
乾電池 …………………14, 18, 20, 42
逆装填 …………………………………50
逆の反応 ………………………………88
吸蔵 ……………………………………130
銀 ………………………………………54
金属空気電池 …………………………162
金属ナトリウム ………………………114
金属リチウム …………………………130
空気亜鉛電池 …………………………56
空気亜鉛二次電池 ……………………126
空気極 …………………………………176
空乏層 …………………………………206
クラッド式 ……………………………90
クロスオーバー現象 …………………192
ゲル状 …………………………………152
減極剤 …………………………………42
原子力電池 ……………………………212
コイン電堆 ……………………………36
光起電力効果 …………………………200
公称電圧 ………………………………40
高性能アルカリ乾電池 ………………72
酵素 ……………………………………194
黒鉛 ……………………………………132
固体高分子形燃料電池 ………………190
固体酸化物 ……………………………188
固体酸化物形燃料電池 ………………188
固体電解質 …………………………66, 160
固体ポリマー …………………………190
コバルト ………………………………138
コバルト酸リチウム …………………134

コバルト酸リチウム電池 ……………… 134
コンデンサ ……………………………… 214

[さ行]
サイクル寿命 …………………………… 102
サルフェーション現象 …………………… 88
酸化還元反応 ……………………………… 28
酸化銀 ……………………………………… 54
酸化銀電池 ………………………………… 54
酸化第二水銀 ……………………………… 52
酸化銅（Ⅰ） ……………………………… 28
酸化ニッケル酸リチウム ……………… 150
酸化反応 …………………………………… 26
三元系 …………………………………… 148
三元系リチウムイオン電池 …………… 148
三種混合 ………………………………… 148
酸素 ………………………………………… 56
酸素イオン ……………………………… 188
酸素ガス …………………………………… 96
色素増感太陽電池 ……………………… 208
自己放電 …………………………………… 46
湿電池 ……………………………………… 18
車載用 ……………………………………… 84
臭素 ……………………………………… 124
充電 ………………………………………… 82
集電体 ……………………………………… 38
充電保管 ………………………………… 108
樹状結晶 ………………………………… 104
常温反応 ………………………………… 120
ショートサーキット ……………………… 38
初期電圧 …………………………………… 70
触媒 ……………………………………… 162
シリコン系 ……………………………… 202
水銀合金 …………………………………… 46
水銀0（ゼロ） …………………………… 48
水銀電池 …………………………………… 52
水酸化カリウム …………………………… 44
水酸化物イオン ………………………… 182
水素 ……………………………………… 178
水素ガス …………………………………… 48
水素ガス気泡 ……………………………… 28
水素過電圧 ………………………………… 46
水分管理 ………………………………… 190
水素吸蔵合金 …………………………… 106
スパイラル構造 …………………………… 60
スピネル型 ……………………………… 144
スマートグリッド ……………………… 116
スラグ …………………………………… 230
制御式 ……………………………………… 92
正孔 ……………………………………… 204
製造禁止 …………………………………… 98
生物電池 …………………………………… 16
ゼーベック効果 ………………………… 210
セパレータ ………………………………… 30

ゼブラ電池 ……………………………… 122
セル ………………………………………… 92
セレン光電池 …………………………… 200
ゼロエミッション電源 ………………… 224
全固体電池 ……………………………… 160
全固体ナトリウムイオン電池 ………… 166
層状構造 ………………………………… 132

[た行]
太陽光発電 ……………………………… 200
太陽電池 …………………… 172, 200, 232
多価イオン ……………………………… 168
多価イオン電池 ………………………… 168
多孔性の構造 …………………………… 178
ダニエル電池 ……………………………… 30
炭素 ………………………………… 62, 194
チタン酸系リチウムイオン電池 ……… 154
チタン酸リチウム ……………………… 154
中間生成物 ……………………………… 164
注水電池 …………………………………… 74
直接メタノール形燃料電池 …………… 192
定置用 ……………………………………… 84
ディマンド・レスポンス ……………… 228
電解液 ……………………………………… 26
電解質 ……………………………………… 38
電解二酸化マンガン ……………………… 48
電気エネルギー ………………………… 174
電気自動車 ………… 14, 100, 146, 160, 224
電気的中性の原理 ………………………… 30
電気二重層 ……………………………… 214
電気二重層キャパシタ ………… 170, 214
電気分解 ………………………………… 174
電気容量 …………………………………… 40
電極 ………………………………………… 38
電気料金型 ……………………………… 228
電子 ………………………………………… 24
デンドライト …………………………… 104
電流 ………………………………………… 24
電力貯蔵 ………………………………… 220
動物電気 …………………………………… 22

[な行]
ナトリウムイオン電池 ………………… 166
鉛蓄電池 …………………………………… 86
ニオブ・リチウム二次電池 …………… 158
二酸化炭素 ……………………………… 186
二酸化マンガン …………………………… 32
二酸化マンガンリチウム二次電池 …… 156
二酸化マンガンリチウム電池 …………… 60
二次電池 …………………… 82, 156, 220
ニッケル・カドミウム電池 ……………… 94
ニッケル亜鉛電池 ……………………… 102
ニッケル乾電池 …………………………… 70
ニッケル系 ……………………………… 150

ニッケル系リチウムイオン電池 ……… 150
ニッケル水素電池 ………………… 106
ニッケル鉄電池 …………………… 100
二硫化鉄 ……………………………… 68
ネガワット取引 …………………… 228
熱起電力電池 ……………………… 210
熱電池 ………………………………… 210
熱電変換素子 ……………………… 210
燃料極 ………………………………… 176
燃料電池 ………………………… 174, 198

【 は行 】
バイオ燃料電池 …………………… 194
ハイブリッド車 …………………… 106
ハイブリッド蓄電システム ……… 116
バグダッド電池 ……………………… 22
バッテリー …………………………… 86
発熱剤 ………………………………… 78
バナジウム・リチウム二次電池 … 158
バナジウムイオン ………………… 120
バナジウム系 ……………………… 118
ハロゲン ……………………………… 124
反射防止膜 ………………………… 206
半導体 ……………………………… 204
被毒作用 …………………………… 184
被膜 …………………………………… 64
標準電極電位 ………………………… 40
複合材料 …………………………… 142
物理電池 ……………………………… 16
フッ化黒鉛リチウム電池 …………… 62
プルトニウム ……………………… 212
フロー電池 ………………………… 118
分極 …………………………………… 28
ペースト式 …………………………… 90
ベランダ発電 …………………… 172, 232
ペロブスカイト …………………… 208
ペロブスカイト太陽電池 ………… 208
ベント型 ……………………………… 92
放射性物質 ………………………… 212
放電 …………………………………… 82
放電電圧 ……………………………… 52
ポリマー …………………………… 152
ポリマー状 ………………………… 140
ボルタ電堆 …………………………… 22
ボルタ電池 …………………………… 24

【 ま行 】
マグネシウム ……………………… 168
マグネシウム合金 …………………… 74
マグネシウム注水電池 ……………… 76
マンガンリチウム二次電池 ……… 156
マンガン酸リチウム ……………… 144

マンガン酸リチウムイオン電池 ……… 144
マンガン乾電池 ……………………… 42
水電池 ………………………………… 74
水俣病 ………………………………… 48
民生用 ………………………………… 84
メタノール ………………………… 192
メモリー効果 ………………………… 90
モジュール電池 …………………… 114

【 や行 】
屋井先蔵 ……………………………… 34
火傷の危険 ………………………… 126
有機系 ……………………………… 202
有機溶媒 …………………………… 138
誘電分極 …………………………… 214
陽イオン …………………………… 216
ヨウ化リチウム ……………………… 66
溶融炭酸塩形燃料電池 …………… 186
ヨウ素リチウム電池 ………………… 66
溶融塩電池 …………………………… 78
溶融塩二次電池 …………………… 112
溶融炭酸塩 ………………………… 186

【 ら行 】
ライデン瓶 ………………………… 218
ラミネート形 ……………………… 140
ラミネートフィルム ……………… 140
リザーブ電池 ………………………… 78
リサイクル ………………………… 230
リチウム ……………………………… 58
リチウム・アルミニウム合金 …… 156
リチウム硫黄電池 ………………… 164
リチウムイオンキャパシタ ……… 170
リチウムイオンポリマー電池 …… 152
リチウムイオン電池 ……… 14, 58, 84, 230
リチウム一次電池 …………………… 58
リチウム空気二次電池 …………… 162
リチウム系 …………………………… 18
リチウム電池 ………………………… 58
離島・地域グリッド ……………… 116
リフレッシュ ………………………… 98
リフレッシュ機能 ………………… 108
硫化鉄リチウム電池 ………………… 68
リユース …………………………… 230
リン酸形燃料電池 ………………… 184
リン酸鉄リチウム ………………… 146
リン酸鉄リチウムイオン電池 …… 146
ルクランシェ電池 …………………… 32
レドックスフロー電池 …………… 118
レモン電池 …………………………… 80
ロッキングチェア型電池 ………… 136

本書内容に関するお問い合わせについて

このたびは翔泳社の書籍をお買い上げいただき、誠にありがとうございます。弊社では、読者の皆様からのお問い合わせに適切に対応させていただくため、以下のガイドラインへのご協力をお願い致しております。下記項目をお読みいただき、手順に従ってお問い合わせください。

●ご質問される前に

弊社Webサイトの「正誤表」をご参照ください。これまでに判明した正誤や追加情報を掲載しています。

    正誤表　https://www.shoeisha.co.jp/book/errata/

●ご質問方法

弊社Webサイトの「刊行物Q&A」をご利用ください。

    刊行物Q&A　https://www.shoeisha.co.jp/book/qa/

インターネットをご利用でない場合は、FAXまたは郵便にて、下記"翔泳社 愛読者サービスセンター"までお問い合わせください。
電話でのご質問は、お受けしておりません。

●回答について

回答は、ご質問いただいた手段によってご返事申し上げます。ご質問の内容によっては、回答に数日ないしはそれ以上の期間を要する場合があります。

●ご質問に際してのご注意

本書の対象を越えるもの、記述個所を特定されないもの、また読者固有の環境に起因するご質問等にはお答えできませんので、予めご了承ください。

●郵便物送付先およびFAX番号

    送付先住所　〒160-0006　東京都新宿区舟町5
    FAX番号　　 03-5362-3818
    宛先　　　　（株）翔泳社 愛読者サービスセンター

著者プロフィール

中村 のぶ子（なかむら・のぶこ）

サイエンス編集ライター、ブックライター。
幼少期より環境問題に興味を持ち、技術革新による乾電池の水銀0（ゼロ）成功を目の当たりにする。化学系工学部では、湿式精錬による金属回収を専門とし、修士論文のテーマは『廃バッテリーからの有価金属の回収』。翻訳業界を経て、「書くこと」で社会課題の解決に貢献することを目標に、執筆活動をスタート。近年はブックライティングに力をいれており、近著に『身近にいっぱい！おどろきの化学』（小学館）がある。今後は子ども向けの書籍が増える予定。

装丁・本文デザイン／相京 厚史（next door design）
カバーイラスト／加納 徳博
DTP／BUCH⁺
作図協力（第1章、第2章、第4章、第7章）／株式会社 明昌堂

図解まるわかり 電池のしくみ

2023年3月6日　初版第1刷発行

著者	中村 のぶ子
発行人	佐々木 幹夫
発行所	株式会社 翔泳社（https://www.shoeisha.co.jp）
印刷・製本	株式会社 加藤文明社印刷所

ISBN978-4-7981-7857-8　　　　　　　　　　　　Printed in Japan